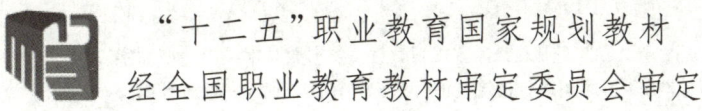

"十二五"职业教育国家规划教材

经全国职业教育教材审定委员会审定

建筑装饰识图与构造

Jianzhu Zhuangshi Shitu yu Gouzao

（第2版）

建筑装饰专业

童　霞　主编

高等教育出版社·北京

内容简介

本书是第 2 版，是"十二五"职业教育国家规划教材，依据教育部《中等职业学校建筑装饰专业教学标准》，并参照现行建筑装饰行业相关标准、规范和岗位技能要求编写。

本书主要内容包括建筑装饰施工图基础知识和 3 个教学项目。建筑装饰施工图基础知识部分，初步学习建筑装饰施工图的形成、特点、组成与内容，规范的应用，装饰施工图的识读方法及绘制方法；项目一为住宅建筑装饰施工图识读与构造学习，项目二为展厅建筑装饰施工图识读与构造学习，分别通过住宅和展厅建筑装饰施工图识读及常见装饰构造详图绘制，进行相关构造知识学习和识读技能训练；项目三为餐厅建筑装饰施工图识读与综合实训，识读一套餐厅建筑装饰施工图，并抄绘相对完整的部分施工图。

本书配套学习卡资源，可登录 Abook 网站 http://abook.hep.com.cn/sve 获取相关资源。详细说明见本书最后一页"郑重声明"。

本书可作为中等职业学校建筑装饰专业教材，也可作为相关岗位技术人员自学参考用书。

图书在版编目（CIP）数据

建筑装饰识图与构造 / 童霞主编 . --2 版 . --北京：高等教育出版社 ,2019.11（2021.2重印）

建筑装饰专业

ISBN 978-7-04-053109-1

Ⅰ. ①建… Ⅱ. ①童… Ⅲ. ①建筑装饰-建筑制图-识图-中等专业学校-教材②建筑装饰-建筑构造-中等专业学校-教材　Ⅳ. ①TU238②TU767

中国版本图书馆 CIP 数据核字（2019）第 275125 号

| 策划编辑 | 梁建超 | 责任编辑 | 梁建超 | 封面设计 | 杨立新 | 版式设计 | 徐艳妮 |
| 责任校对 | 刘娟娟 | 责任印制 | 存　怡 | | | | |

出版发行	高等教育出版社	网　　址	http://www.hep.edu.cn
社　　址	北京市西城区德外大街 4 号		http://www.hep.com.cn
邮政编码	100120	网上订购	http://www.hepmall.com.cn
印　　刷	北京市大天乐投资管理有限公司		http://www.hepmall.com
开　　本	787mm×1092mm　1/16		http://www.hepmall.cn
印　　张	9.25	版　　次	2016 年 3 月第 1 版
字　　数	210 千字		2019 年 11 月第 2 版
购书热线	010-58581118	印　　次	2021 年 2 月第 2 次印刷
咨询电话	400-810-0598	定　　价	18.00 元

本书如有缺页、倒页、脱页等质量问题，请到所购图书销售部门联系调换
版权所有　侵权必究
物　料　号　53109-00

建筑类专业"十二五"职业教育国家规划教材编写委员会

主　　任：黄民权
副 主 任：杨正民　王仁田
委　　员：贺海宏　曹　勇　段　欣　许宝良
　　　　　阚世江　张齐欣　童　霞　楼江明
　　　　　刘晓燕　王海平　张孟同　杨宝春
　　　　　邢汉敏　陈　强　王松军　陈海军
　　　　　郭宝元　李亚桂　孙成田　丁普春

本书编者：童　霞　戚晓鸽　邢　洁　赵　玲
　　　　　崔东方

出版说明

教材是教学过程的重要载体,加强教材建设是深化职业教育教学改革的有效途径,是推进人才培养模式改革的重要条件,也是推动中高职协调发展的基础性工程,对促进现代职业教育体系建设,提高职业教育人才培养质量具有十分重要的作用。

为进一步加强职业教育教材建设,2012年,教育部制订了《关于"十二五"职业教育教材建设的若干意见》(教职成〔2012〕9号),并启动了"十二五"职业教育国家规划教材的选题立项工作。作为全国最大的职业教育教材出版基地,高等教育出版社整合优质出版资源,积极参与此项工作,"计算机应用"等110个专业的中等职业教育专业技能课教材选题通过立项,覆盖了《中等职业学校专业目录》中的全部大类专业,是涉及专业面最广、承担出版任务最多的出版单位,充分发挥了教材建设主力军和国家队的作用。2015年5月,经全国职业教育教材审定委员会审定,教育部公布了首批中职"十二五"职业教育国家规划教材,高等教育出版社有300余种中职教材通过审定,涉及中职10个专业大类的46个专业,占首批公布的中职"十二五"国家规划教材的30%以上。我社今后还将按照教育部的统一部署,继续完成后续专业国家规划教材的编写、审定和出版工作。

高等教育出版社中职"十二五"国家规划教材的编者,有参与制订中等职业学校专业教学标准的专家,有学科领域的领军人物,有行业企业的专业技术人员,以及教学一线的教学名师、教学骨干,他们为保证教材编写质量奠定了基础。教材编写力图突出以下五个特点:

1. 执行新标准。以《中等职业学校专业教学标准(试行)》为依据,服务经济社会发展和产业转型升级。教材内容体现产教融合,对接职业标准和企业用人要求,反映新知识、新技术、新工艺、新方法。

2. 构建新体系。教材整体规划、统筹安排,注重系统培养,兼顾多样成才。遵循技术技能人才培养规律,构建服务于中高职衔接、职业教育与普通教育相互沟通的现代职业教育教材体系。

3. 找准新起点。教材编写图文并茂,通俗易懂,遵循中职学生学习特点,贴近工作过程、技术流程,将技能训练、技术学习与理论知识有机结合,便于学生系统学习和掌握,符合职业教育的培养目标与学生认知规律。

4. 推进新模式。改革教材编写体例,创新内容呈现形式,适应项目教学、案例教学、情景教学、工作过程导向教学等多元化教学方式,突出"做中学、做中教"的职业教育特色。

5. 配套新资源。秉承高等教育出版社数字化教学资源建设的传统与优势,教材内容与数字化教学资源紧密结合,纸质教材配套多媒体、网络教学资源,形成数字化、立体化的教学资源体系,为促进职业教育教学信息化提供有力支持。

为更好地服务教学,高等教育出版社还将以国家规划教材为基础,广泛开展教师培训和教学研讨活动,为提高职业教育教学质量贡献更多力量。

高等教育出版社
2015年5月

第 2 版前言

本书是"十二五"职业教育国家规划教材,依据教育部《中等职业学校建筑装饰专业教学标准》,并参照现行建筑装饰行业相关标准、规范和岗位技能要求编写。

建筑装饰识图与构造是中等职业学校建筑装饰专业核心课程,其先修课程为土木工程识图(房屋建筑类)或建筑制图与识图。在先修课程中应学习投影原理、房屋建筑制图统一标准、建筑工程图的组成与分类、建筑施工图识读等基础知识和基本技能,为学习后续专业课程、参加对口升学考试和职业生涯的发展奠定基础。本课程的任务是,在先修课程学习房屋建筑制图与识图基础知识和基本技能的基础上,理解常用装饰构造,初步掌握建筑装饰施工图的识读方法,并为学习后续建筑装饰施工和建筑装饰设计等专业技能课程奠定基础。

本书结合中等职业教育教学改革精神,吸取传统教材的优点,充分考虑学生实际情况和建筑装饰行业岗位实际需求,力求突出以下特点:

1. 创新性 摒弃传统以传授知识为主的教学体系,将有关专业课程的理论和实践相结合,以项目教学的形式,突出"做中学、做中教"的职业教育教学特色。

2. 适用性 将相关课程进行较大幅度的整合,重点选择对建筑装饰专业有用的知识点进行讲解。

3. 操作性 将实训练习作为教学的重要环节,加大实训力度,并且通过【分析与思考】的设置,使学生开动脑筋,重视每一个需要掌握的环节。

4. 可读性 采用【任务要求】、【依据标准】、【分析与思考】、【相关知识】、【练一练】和【任务评价】等栏目形式编排,深入浅出,施工图与效果图配合,并以任务导向和案例教学的思路编写,使学生易学易懂。

本书以建筑装饰施工图的制图基本知识为基础,通过住宅建筑装饰施工图和展厅建筑装饰施工图两套案例施工图的识读及常见装饰构造详图绘制,进行相关构造知识学习和识图技能训练,最后通过对一套餐厅装饰施工图的识读和1周训练,来提升识图绘图能力和对装饰构造的掌握。

本书按 94 学时[①]编写,具体学时分配建议如下(供参考):

单元	学习内容	教学学时	实训学时	总学时
建筑装饰施工图基础知识	任务1 了解装饰施工图	1		1
	任务2 装饰制图标准的应用	3		3
	任务3 装饰施工图识读与绘制方法	8		8
	练一练		4	4

---

① 课堂教学及实训为64学时,综合实训为30学时(1周)。

续表

单元	学习内容	教学学时	实训学时	总学时
项目一 住宅建筑装饰施工图识读与构造学习	任务1 住宅顶棚装饰施工图识读与构造学习	4		4
	练一练		2	2
	任务2 住宅墙面装饰施工图识读与构造学习	6		6
	练一练		2	2
	任务3 住宅地面装饰施工图识读与构造学习	6		6
	练一练		2	2
项目二 展厅建筑装饰施工图识读与构造学习	任务1 展厅顶棚装饰施工图识读与构造学习	4		4
	练一练		2	2
	任务2 展厅墙柱面装饰施工图识读与构造学习	6		6
	练一练		2	2
	任务3 展厅地面装饰施工图识读与构造学习	4		4
	练一练		2	2
项目三 餐厅建筑装饰施工图识读与综合实训	识读本套装饰施工图	6		6
	抄绘大厅及包间的装饰施工图		30	30
合计		48	46	94

本书配套学习卡资源,可登录 Abook 网站 http://abook.hep.com.cn/sve 获取相关资源。详细说明见本书最后一页"郑重声明"。

本书由河南建筑职业技术学院童霞主编,核工业第五研究设计院一级建筑师张宏民主审。具体编写分工如下:建筑装饰施工图基础知识由河南建筑职业技术学院童霞编写,项目一中的任务1和项目二中的任务1由河南建筑职业技术学院戚晓鸽编写,项目一中的任务2和项目二中的任务2由河南建筑职业技术学院邢洁编写,项目一中的任务3和项目二中的任务3由河南建筑职业技术学院赵玲编写,项目三由河南建筑职业技术学院崔东方编写。

由于编者水平和条件所限,书中难免有疏漏和不足之处,真诚欢迎广大读者给予批评和指正。(读者意见反馈信箱:zz_dzyj@pub.hep.cn。)

编 者
2019 年 10 月

目　录

建筑装饰施工图基础知识 ……………… 1

任务1　了解装饰施工图 ……………… 2
　一、装饰施工图的形成与作用 ……………… 2
　二、装饰施工图的特点 ……………… 2
　三、装饰施工图的组成与内容 ……………… 2

任务2　装饰制图标准的应用 ……………… 3
　一、内视符号应用 ……………… 3
　二、镜像投影法的应用 ……………… 4
　三、常用图例的应用 ……………… 5

任务3　装饰施工图识读与绘制方法 ……………… 10
　一、装饰平面图识读与绘制方法 ……………… 10
　二、装饰立面图识读与绘制方法 ……………… 13
　三、装饰详图识读与绘制方法 ……………… 15

项目一　住宅建筑装饰施工图识读与构造学习 ……………… 19

任务1　住宅顶棚装饰施工图识读与构造学习 ……………… 21
　一、客厅顶棚装饰构造 ……………… 23
　二、卧室顶棚装饰构造 ……………… 25
　三、厨房顶棚装饰构造 ……………… 26

任务2　住宅墙面装饰施工图识读与构造学习 ……………… 29
　一、客厅电视背景墙面装饰构造 ……………… 30
　二、主卧室墙面装饰构造 ……………… 33
　三、次卧室墙面装饰构造 ……………… 36
　四、厨卫墙面装饰构造 ……………… 38

任务3　住宅地面装饰施工图识读与构造学习 ……………… 41
　一、客厅、餐厅及卧室地面装饰构造 ……………… 43
　二、厨房、卫生间及阳台地面装饰构造 ……………… 47
　项目总结 ……………… 50

项目二　展厅建筑装饰施工图识读与构造学习 ……………… 52

任务1　展厅顶棚装饰施工图识读与构造学习 ……………… 55
　一、B展厅顶棚装饰构造 ……………… 55
　二、A展厅顶棚装饰构造 ……………… 58
　三、展厅顶棚射灯的装饰构造 ……………… 58

任务2　展厅墙柱面装饰施工图识读与构造学习 ……………… 60
　一、展厅墙面装饰构造 ……………… 61
　二、展厅柱面装饰构造 ……………… 67

任务3　展厅地面装饰施工图识读与构造学习 ……………… 71
　一、A展厅地面装饰构造 ……………… 73
　二、玻璃地台装饰构造 ……………… 75
　项目总结 ……………… 77

项目三　餐厅建筑装饰施工图识读与综合实训 ……………… 79

附录一　住宅室内装饰施工图 ……………… 80

附录二　展厅装饰施工图 ……………… 91

附录三　餐厅室内装饰施工图 ……………… 108

参考文献 ……………… 135

建筑装饰施工图基础知识

建筑是人们工作、学习和生活的活动场所。业主购置了土地使用年限为70年的毛坯建筑后,必须在建筑主体表面进行装修和装潢,以满足使用需求,这就是建筑装饰,也就是人们常说的建筑的二次设计。毛坯建筑如图0-0-1所示,装饰后的建筑如图0-0-2所示。

图0-0-1　某住宅进门客厅装饰前　　　　图0-0-2　某住宅进门客厅装饰后

建筑装饰能够给人以视觉、触觉的享受,能够改善建筑物理性能,进一步保证建筑空间的质量,因此建筑装饰已成为现代建筑工程不可缺少的重要组成部分。

装饰施工图是用于表达建筑物室内外装饰形状和施工要求的图样。它以透视效果图为前提,采用正投影的投影方法来反映建筑装饰结构、装饰造型、饰面处理以及家具、陈设等布置的内容。装饰施工图是指导装饰施工的依据。

读懂装饰施工图,是把装饰图纸由虚拟变为现实的第一步。在工程正式实施前,设计人员在图纸上以一种图纸语言符号将工程预先完整地实施一遍。而施工方法,应该利用节点图、大样图、剖面图等制图语言符号在施工图中给予详细的图示。通过图纸能明白设计者的意图及每个部位的做法。工人可以拿此图去施工,造价人员可以拿此图去做计价文件。

本书共分为四部分:第一部分为建筑装饰施工图基础知识,主要介绍建筑装饰施工图的形成、特点、组成与内容,规范应用,装饰施工图的识读与绘制方法;第二部分为住宅建筑装饰施工图识读与构造学习项目教学;第三部分为展厅建筑装饰施工图识读与构造学习项目教学;第四部分为餐厅建筑装饰施工图识读与综合实训。

任务1　了解装饰施工图

【任务要求】

了解装饰施工图的形成与作用，掌握装饰施工图的组成与特点。

【依据标准】

《房屋建筑室内装饰装修制图标准》(JGJ/T 244—2011)

【分析与思考】

1. 简述装饰施工图的形成。怎样理解装饰施工图是装饰施工的"技术语言"？
2. 装饰施工图与建筑施工图的区别是什么？
3. 一套完整的装饰施工图是由哪些图样组成的？

【相关知识】

一、装饰施工图的形成与作用

装饰施工图是设计人员按照投影原理，用线条、数字、文字、符号及图例在图纸上画出的图样，用来表达设计构思和艺术观点，空间布置与装饰构造以及造型、饰面、尺度和选材等，并准确体现装饰工程施工方案和方法。

装饰施工图是装饰施工的"技术语言"，是装饰工程造价的重要依据，是建筑装饰工程设计人员的设计意图付诸实施的依据，是工程施工人员进行材料选择和技术操作的依据以及工程验收的依据。

二、装饰施工图的特点

建筑施工图与装饰施工图的基本原理是一致的，从某种意义上说建筑施工图是装饰施工图的基础。装饰施工图主要反映的是"面"，即外表的内容，构成和内容较复杂，多用文字或其他符号作为辅助说明，而对结构构件及内部组成反映较少。

装饰施工图的特点：

(1) 按照投影原理，用点、线、面构成各种形象，表达装饰内容；
(2) 套用了建筑设计的制图标准，如图例、符号；
(3) 图例符号尚未完全规范；
(4) 大多数采用文字注写来补充图的不足。

三、装饰施工图的组成与内容

一套完整的装饰施工图一般分为图纸目录、装饰施工说明或设计说明、平面布置图、顶棚镜像平面图、地面铺装图、装修立面图、需要说明装修细部的详图等。有时为了实现使用效用,还应该包括给排水、电、暖等专业的施工说明图。

任务 2　装饰制图标准的应用

【任务要求】

　　掌握索引符号规定,熟悉镜像投影法,并在理解的基础上掌握符号和图例在装饰施工图中的应用。

【依据标准】

　　《房屋建筑室内装饰装修制图标准》(JGJ/T 244—2011)

【分析与思考】

1. 简述装饰施工图符号的意义。
2. 镜像投影法的原理是什么?镜像投影图与水平投影图的区别是什么?
3. 图例在装饰施工图中的应用有哪些?

【相关知识】

一、内视符号应用

1. 内视符号的形成

　　为了表示对应于某立面的平面位置,平面图中应该用内视符号注明视点位置、投视方向、立面编号。内视符号如图 0-2-1 所示,一般内视符号所在平面图中的位置即为视点位置,看图方向为涂黑部位的等腰三角形直角尖端所指的方向,圆圈用细实线绘制,直径为 8~12 mm。例如图 0-2-1(a)表示的就是在其位置上侧的立面需要从 A 立面图读取。图 0-2-1(b)所示内视符号圆圈中上半圆中字母(或阿拉伯数字)表示立面编号,下半圆中数字表示对应立面所在的图纸的图号。图 0-2-1(b)具体表示的是其位置左侧的立面需要从位于图号为 6 的图纸中的 B 立面图读取。

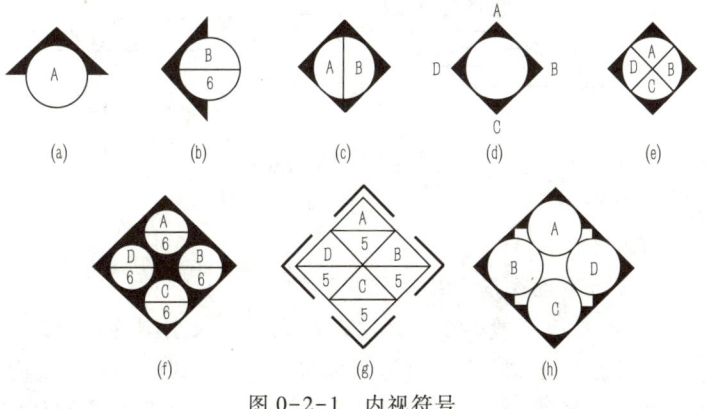

图 0-2-1　内视符号

图0-2-1为常见各内视符号的形式,图0-2-1(a)、图0-2-1(b)为单向内视符号,其余为多向内视符号。

2. 内视符号的应用

平面图上内视符号示例如图0-2-2所示。

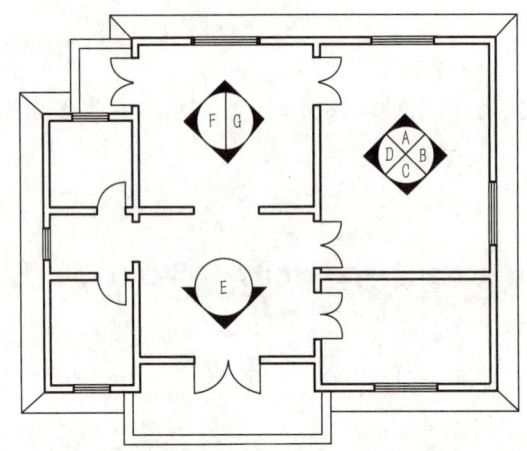

图0-2-2 平面图上内视符号示例

二、镜像投影法的应用

在实际工程中,建筑物的某些工程构造的装饰图形直接用正投影法绘制不易表达出真实形状,甚至会出现与实际相反的情况,造成施工误解。对于这类图形,可采用与正投影法不同的镜像投影法绘制。

1. 镜像投影图的形成

假设将玻璃镜放在物体的下方,代替水平投影面 H,在镜面中得到反映物体底面形状的平面图形,称为镜像投影图,如图0-2-3所示,在图名后注写"镜像"两个字。

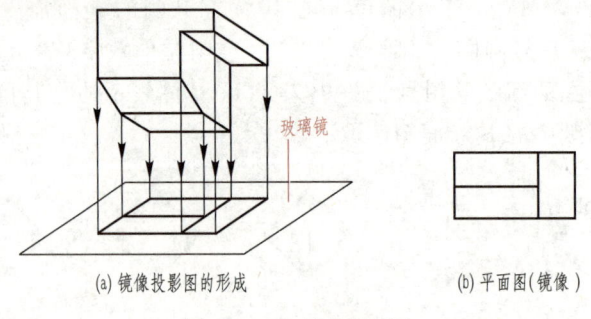

(a) 镜像投影图的形成　　　　(b) 平面图(镜像)

图0-2-3 镜像投影法

2. 镜像投影图的应用

建筑室内顶棚的装饰平面图应采用镜像投影法绘制。

对于顶棚图案,无论是用一般的正投影法还是用仰视法绘制的顶棚图案平面图,都不利于看图施工。采用镜像投影法,将地面视为一面玻璃镜,得到的顶棚图案平面图(镜像)能真实反映顶棚图案的实际情况,有利于施工人员看图施工。顶棚示意图如图0-2-4所示。

任务2　装饰制图标准的应用　　5

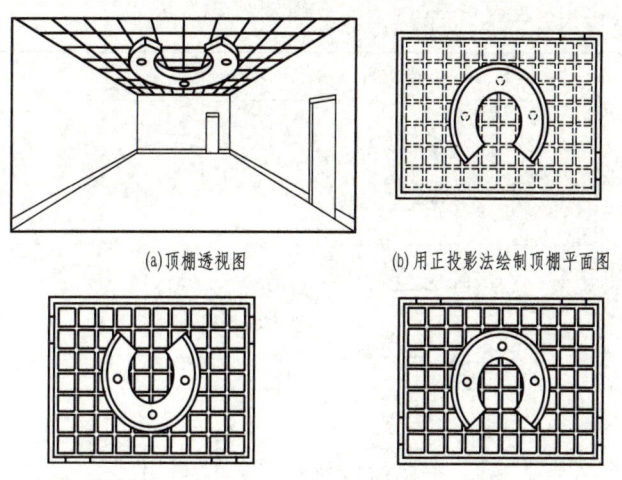

(a)顶棚透视图　　　　　(b)用正投影法绘制顶棚平面图

(c)用仰视法绘制顶棚平面图　　(d)用镜像投影法绘制顶棚镜像平面图

图 0-2-4　顶棚示意图

三、常用图例的应用

室内装饰设计所包含的室内项目,如门窗、家具、设施、室内陈设等内容较多,不能以实物原形出现在图纸上,只能借助图例(表 0-2-1~表 0-2-4)表示。

1. 常用家具图例

表 0-2-1　常用家具图例

序号	名称		图例	备注
1	沙发	单人沙发		1. 立面样式根据设计自定; 2. 其他家具图例根据设计自定
		双人沙发		
		三人沙发		
2	办公桌			

续表

序号	名称		图例	备注
3	椅	办公椅		
		休闲椅		
		躺椅		1. 立面样式根据设计自定； 2. 其他家具图例根据设计自定
4	床	单人床		
		双人床		
5	橱柜	衣柜		1. 柜体的长度及立面样式根据设计自定； 2. 其他家具图例根据设计自定
		低柜		
		高柜		

2. 常用电器图例

表 0-2-2　常用电器图例

序号	名称	图例	备注
1	电视	TV	
2	冰箱	REF	
3	空调	A/C	
4	洗衣机	W/M	1. 立面样式根据设计自定； 2. 其他电器图例根据设计自定
5	饮水机	WD	
6	计算机	PC	
7	电话	TEL	

3. 常用厨具图例

表 0-2-3 常用厨具图例

序号	名称		图例	备注
1	灶具	单头灶		
		双头灶		
		三头灶		1. 立面样式根据设计自定；
		四头灶		2. 其他厨具图例根据设计自定
		六头灶		
2	水槽	单盆		
		双盆		

4. 常用洁具图例

表 0-2-4 常用洁具图例

序号	名称		图例	备注
1	大便器	坐式		
		蹲式		
2	小便器			
3	台盆	立式		1. 立面样式根据设计自定；
		台式		2. 其他洁具图例根据设计自定
		挂式		
4	污水池			
5	浴缸	长方形		
		三角形		
		圆形		
6	淋浴房			

任务3　装饰施工图识读与绘制方法

【任务要求】

了解装饰平面图、立面图和详图的图示方法，掌握装饰平面图、立面图和详图的图示内容，并在理解的基础上绘制装饰施工图。

【依据标准】

《房屋建筑室内装饰装修制图标准》（JGJ/T 244—2011）

【分析与思考】

参观星级宾馆的客房，带着下面的问题学习新内容。

1. 宾馆客房室内是如何布局的？顶棚吊顶是如何装修的？
2. 宾馆客房室内立面装修做法及所用的材料有哪些？有什么特点？
3. 通过各种方式记录参观内容，为后续学习打下良好的基础。
4. 查阅相关制图标准图集，熟记与建筑装饰施工图相关的图例。

【相关知识】

一、装饰平面图识读与绘制方法

1. 地面装饰平面图

1）地面装饰平面图图示方法

地面装饰平面图与建筑平面图的投影原理基本相同。地面装饰平面图在反映建筑基本结构的同时，主要反映地面装饰材料、家具和设备等的布局，以及相应的尺寸和施工说明，如图0-3-1所示。复杂的地面装饰平面图可分为平面布置图和地面铺装图。地面装饰平面图采用简化建筑结构，突出装饰布局的画图方法，对结构用粗实线或涂黑表示。

2）地面装饰平面图图示内容

（1）通过定位轴线及编号，表明装饰空间在建筑空间内的平面位置及其与建筑结构的相互关系尺寸；

（2）表明装饰空间的结构形式、平面形状和长宽尺寸；

（3）表明门窗的位置、平面尺寸、门的开启方式及墙柱的断面形状及尺寸；

（4）表明室内家具、设施、织物、摆设（如雕像）、绿化、地面铺设等平面布置的具体位置，并说明其数量、规格和要求；

（5）表明地面饰面材料和工艺要求；

（6）表明与此平面图相关的各立面图的视图投影关系和视图的位置编号；

（7）表明各房间的位置及功能。

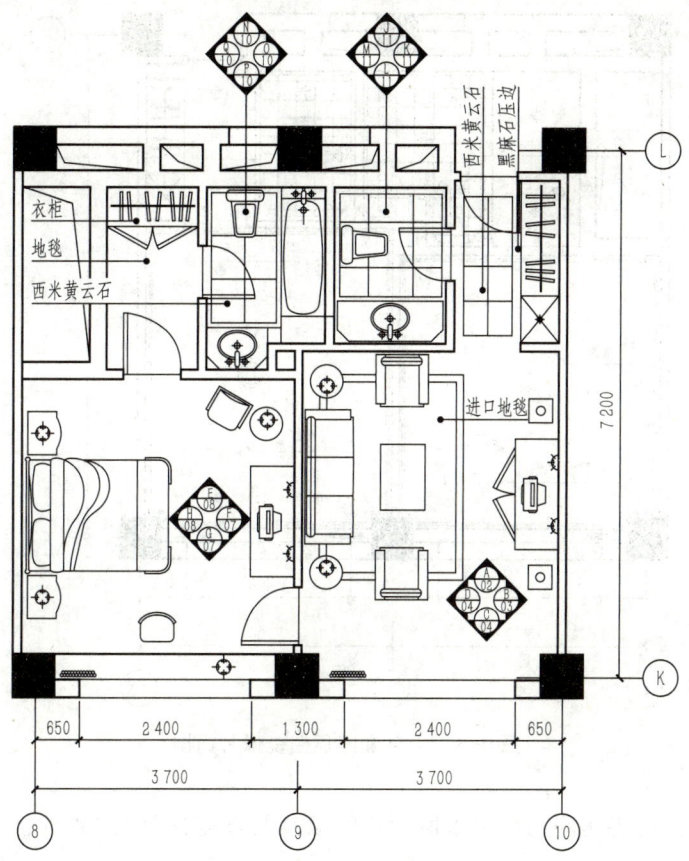

图 0-3-1 某套间地面装饰平面图

2. 顶棚镜像平面图

1）顶棚镜像平面图图示方法

顶棚镜像平面图采用镜像投影法绘制。纵横定位轴线的排列与水平投影图表示的轴线完全相同,只是图形是顶棚,如图 0-3-2 所示。灯具较多时可单独绘制灯具布置图。

2）顶棚镜像平面图图示内容

(1) 表明顶棚装饰造型平面形状和尺寸;

(2) 表明顶棚装饰所用的装饰材料及规格;

(3) 表明灯具的种类、规格及布置形式和安装位置,顶棚的净空高度;

(4) 表明空调送风口的位置、消防自动报警系统及与吊顶有关的音响设施的平面布置形式及安装位置;

(5) 对需要另画剖面详图的顶棚镜像平面图,应注明剖切符号或索引符号。

3. 装饰平面图识读要点

装饰平面图在装饰施工图中是主要图样,其他图样都是以装饰平面图为依据,体现装饰方面的其他工作。

(1) 先看标题栏,判断是哪种平面图,进而了解整个装饰空间的各房间功能、面积及门窗、走道等的主要位置尺寸。

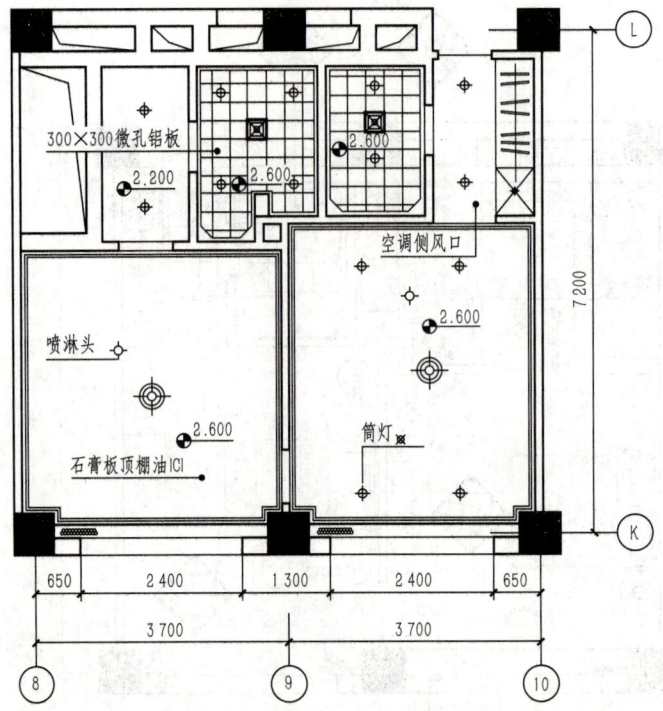

图 0-3-2　某套间顶棚镜像平面图

（2）明确为满足各房间功能要求所设置的家具与设施的种类、数量、位置及尺寸，应熟悉图例。

（3）通过平面图上的文字说明，明确各装饰面的结构材料及饰面材料的种类、品牌和色彩要求。

（4）通过平面图上的投影符号，明确投影图的编号和投影方向，进一步查阅各投影方向的立面图。

（5）通过平面图上的索引符号（或剖切符号），明确剖切位置及剖切后的投影方向，进一步查阅装饰详图。

（6）识读顶棚镜像平面图，需明确面积、功能、装饰造型尺寸、装饰面的特点及顶棚的各种设施的位置等。

4. 装饰平面图图示内容

由上述地面装饰平面图和顶棚镜像平面图的图示内容可总结出，装饰平面图图示内容主要有三大类：

（1）建筑结构及尺寸；

（2）装饰布局和装饰结构以及尺寸关系；

（3）设施、家具安放位置。

5. 装饰平面图画法

1）地面装饰平面图的绘制步骤

（1）选择比例，根据比例换算图样大小，确定图纸图幅；

（2）绘制主体建筑结构；

(3)绘制室内装饰构件的布置形式、位置,如家具、固定设施、电气设备、装饰植物等内容;

(4)标注室内空间主要装饰构件的尺寸,注明室内主要的不同高度界面的标高,注明内视符号、详图索引符号、图例名称、文字说明、图名、比例等;

(5)加粗、整理图线,其中建筑主体结构部分依照《建筑制图标准》(GB/T 50104—2010)应采用粗实线绘制,台阶、地面等可采用中实线绘制,装饰构件、设施、家具等可采用中实线绘制(当平面图较为简单时,也可以采用细实线绘制);

(6)检查图纸综合情况,查漏补缺。

2)顶棚镜像平面图的绘制步骤

(1)选择合适的比例,确定图纸图幅;

(2)绘制建筑的主体结构、固定设施和构件,门洞口可以省略表示出门的形式;

(3)绘制顶棚各级造型的轮廓线、灯具设施(暗藏灯槽可用虚线表示)、通风设备;

(4)绘制图中有关的尺寸标注、文字标注,根据具体情况绘制可能出现的剖切符号、详图索引符号,进行文字说明、图例说明;

(5)加粗、整理图线,整合全图情况,查漏补缺。

二、装饰立面图识读与绘制方法

1. 装饰立面图图示方法

装饰立面图主要是建筑内部墙面装饰的正立投影图,用以表明建筑内部墙面上的门窗、各种装饰的图样、相关尺寸、相关位置和选用的装饰材料等。

装饰立面图实际上是建筑物竖向剖切后的正立投影图,与剖面图相似,各剖切面的位置及投影符号在装饰平面图上标出。装饰立面图如图0-3-3、图0-3-4、图0-3-5所示。

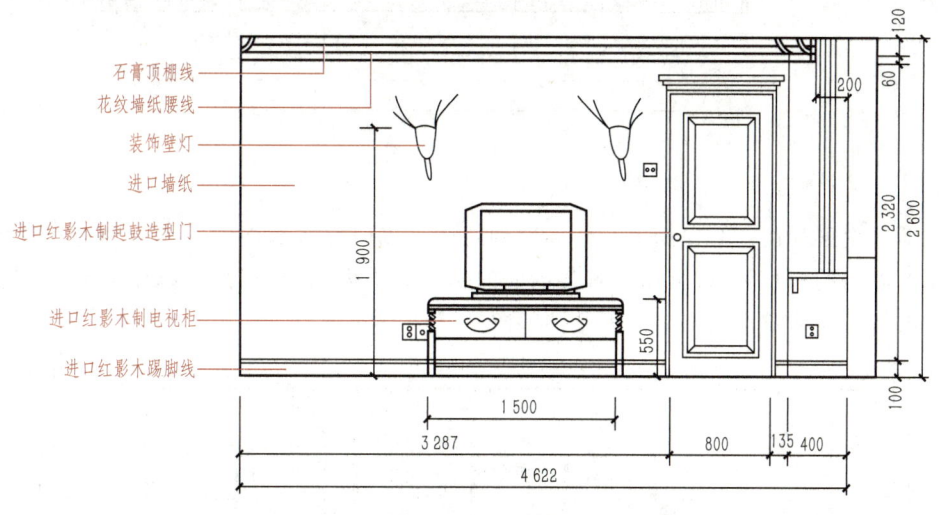

图0-3-3 装饰立面图(一)

装饰立面图表现方法:

(1)只表现单一室内空间。

(2)室内立面展开图。根据展开图原理,在室内某一墙角处竖向剖开,将室内空间所环

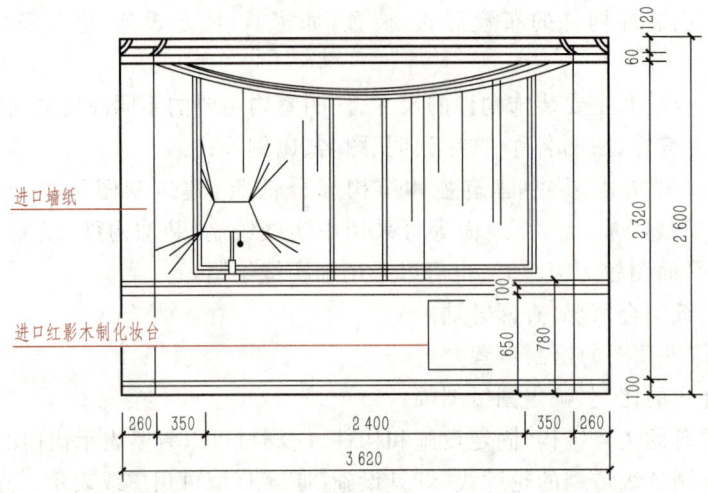

图 0-3-4 装饰立面图(二)

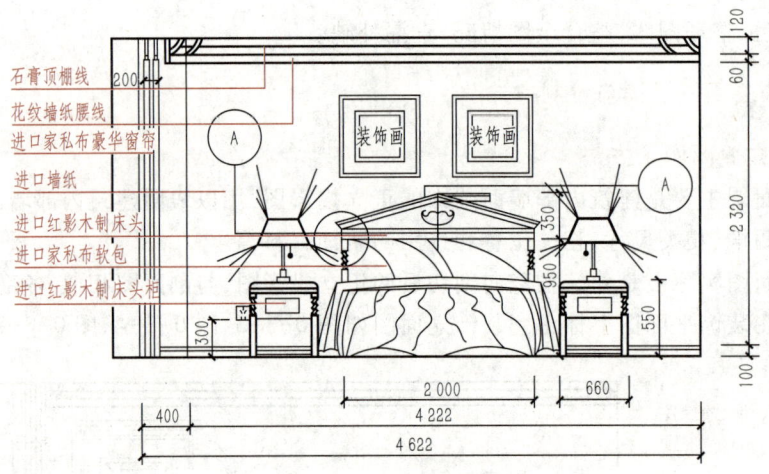

图 0-3-5 装饰立面图(三)

绕的墙面依次展开在一个立面上。使用这种图样可以研究各墙面间的统一和对比效果,可以看出各墙面的相互关系,可以了解各墙面的相关装饰做法,给读图者以整体印象,获得一目了然的效果。某餐厅室内立面展开图如图 0-3-6 所示。

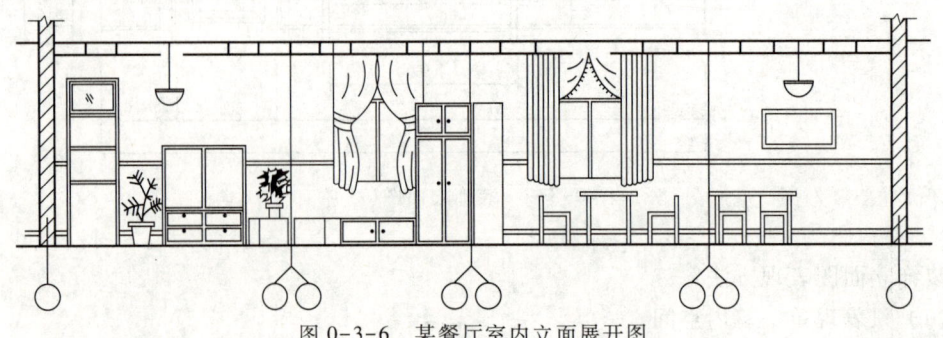

图 0-3-6 某餐厅室内立面展开图

2. 装饰立面图图示内容

（1）表明装饰顶棚的高度尺寸及其迭级造型的构造关系；

（2）表明墙面装饰造型的构造方式，并用文字说明所需装饰材料；

（3）表明墙面所用设备及其位置尺寸和规格尺寸；

（4）表明墙面与吊顶的衔接收口方式；

（5）表明门窗、隔墙、装饰隔断物等设施的高度尺寸和安装尺寸；

（6）表明组景及其他艺术造型的位置尺寸；

（7）表明建筑结构与装饰结构的连接方法、衔接方法及相关尺寸。

3. 装饰立面图识读要点

（1）读图时，先看装饰平面图，了解室内装饰设施及家具的平面布置位置，由投影符号查看立面图；

（2）明确地面标高、楼面标高、楼梯平台等与装饰工程有关的标高尺寸；

（3）了解每个立面有几种不同的装饰面，了解这些装饰面所选用的材料及施工要求；

（4）立面上各装饰面之间的衔接收口较多，应注意收口的方式、工艺和所用材料。收口方法一般由索引符号在节点详图上查找；

（5）明确装饰结构与建筑结构的连接方法和固定方法；

（6）要注意有关装饰设施在墙体上的安装位置和安装方式，如电源开关、插座的安装位置和安装方式，如需留位，应明确所留位置和尺寸。

（7）一项装饰工程往往需要多幅立面图才能满足施工要求，这些立面的投影符号均在地面装饰平面图上标出。因此，识读装饰立面图时，须结合装饰平面图查对。

4. 装饰立面图画法

（1）选择合适的比例，确定图纸图幅。

（2）结合设计方案及平面图中的相应内视符号，绘制室内立面的净高辅助线，确定立面中应该表达出的上下之间、左右之间的界定。

（3）在立面图中绘制应投影出现的装饰构件，如墙面上的装饰界面轮廓、分格、固定设施和灯具位置等内容。

（4）标注必要的构件位置尺寸、自身尺寸，标注必要的详图索引符号或者详图剖切索引符号、引出线、说明文字等。

（5）注写图名、比例，加粗、整理图线，做查漏补缺工作。

三、装饰详图识读与绘制方法

在装饰平面图、装饰立面图中，隐蔽位置的详细构造材料、尺寸及工艺要求难以表达清楚，需画详图，尤其是一些另行加工制作的设施，需要另画大比例的装饰详图。装饰详图是对装饰平面图、装饰立面图的深化和补充，是装饰施工以及细部施工的依据。

装饰详图包括装饰剖面详图和构造详图。

1. 装饰详图图示方法

装饰剖面详图是将装饰面整个剖切或者局部剖切，并按比例放大画出剖面图（断面图），以精确表达其内部构造做法及详细尺寸（图0-3-7）。构造节点大样图则是将装饰构造的重要连接部位垂直或水平剖切，或把局部立面按一定比例放大画出的图样（图0-3-8）。

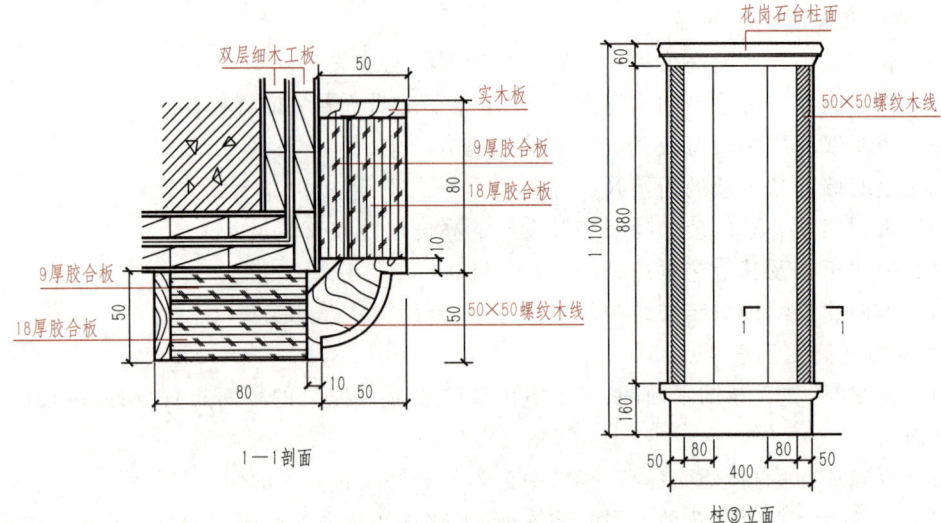

图 0-3-7 装饰剖面详图

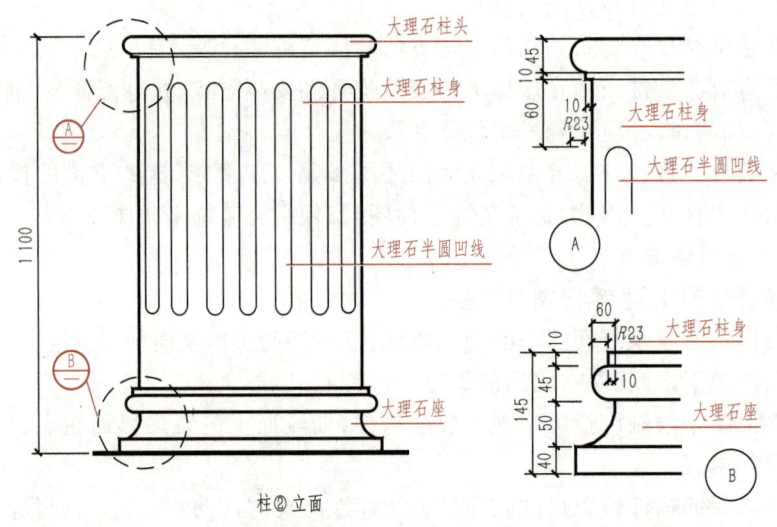

图 0-3-8 构造节点大样图

2. 装饰详图图示内容

装饰详图图示内容如下：

（1）表明装饰面或装饰造型的结构形式和构造形式，表明饰面材料与支撑构件的相互关系；

（2）表明重要部位的装饰构件、配件的详细尺寸、工艺做法和施工要求；

（3）表明装饰结构与建筑主体结构之间的连接方式及衔接尺寸；

（4）表明装饰面之间的拼接方式及封边、盖缝、收口和嵌条等处理的详细尺寸和做法要求；

（5）表明装饰面上设施的安装方法或固定方法，以及设施与装饰面的收口、收边方式。

3. 装饰详图识读要点

（1）结合装饰平面图和装饰立面图，了解装饰详图是对应哪个部位的，找出与之对应的剖切符号或索引符号。

（2）熟悉和研究装饰详图所示内容，进一步明确装饰工程各组成部位或其他图纸难以表明的关键性细部做法。

（3）鉴于装饰工程的工程特点和施工特点，表示其细部做法的图纸往往比较复杂，不能像土建和安装工程图纸那样广泛运用国标、省标及市标等标准图册，所以读图时要反复查阅图纸，特别注意剖面详图和节点大样图中各种材料的组合方式以及工艺要求等。

4. 装饰详图画法

（1）确定详图比例，准备绘图环境，对照详图索引符号构思详图大致形式；

（2）绘制主要装修结构、构件的层次；

（3）注写必要的尺寸标注、引出线和文字说明；

（4）注写图名、比例、加粗、整理图线，做查漏补缺工作。

【练一练】

1. 地面装饰平面图与建筑平面图有什么区别？
2. 地面装饰平面图的图示内容有哪些？
3. 徒手画出宾馆客房平面布置图。
4. 顶棚镜像平面图采用哪种投影方法绘制？
5. 装饰立面图的剖切面位置及投影符号在哪张图样中反映？
6. 通过识读装饰立面图可以得到哪些装饰信息？在识读装饰立面图时特别要注意的是什么？
7. 装饰详图的图示内容有哪些？
8. 装饰详图与装饰平面图、装饰立面图的联系符号是什么？
9. 装饰详图有哪些图示方法？

【任务评价】

评 价 表

序号	评价项目	评价内容	评价标准	配分	得分
1	了解装饰平面图与建筑平面图的区别	说出装饰平面图与建筑平面图的不同	能说出不同得5分	5分	
2	掌握装饰平面图的图示内容	说出地面装饰平面图与顶棚镜像平面图包括哪些内容	每说一条得2分，地面装饰平面图14分，顶棚镜像平面图10分	24分	
3	掌握装饰平面图绘制方法	徒手画出宾馆客房布置图	能正确画出宾馆平面布置图，并标出各房间的功能用途得12分	12分	

续表

序号	评价项目	评价内容	评价标准	配分	得分
4	了解顶棚镜像平面图采用哪种投影方法绘制	说出顶棚镜像平面图采用哪种投影方法绘制	正确说出得5分	5分	
5	掌握剖切面位置及投影符号的应用	说出装饰立面图的剖切面位置及投影符号在哪张图样中反映	正确说出得5分	5分	
6	掌握装饰立面图的图示内容及读图要点	通过识读装饰立面图,能说出装饰立面图反映哪些内容,以及哪些特别需要注意	每说出一点得2分	28分	
7	掌握装饰详图的图示内容及图示方法	说出装饰详图的图示内容及图示方法	说出装饰详图的图示内容,每条2分,共10分,图示方法5分	15分	
8	掌握装饰详图与装饰平面图、装饰立面图的联系符号	说出装饰详图与装饰平面图、装饰立面图的联系符号	说出正确答案得6分	6分	

项目一　住宅建筑装饰施工图识读与构造学习

　　住宅建筑室内装饰是在已有的建筑主体上覆盖新的装饰表面,是对已有建筑空间的进一步设计,也是对建筑空间不足之处的改进和弥补,是使建筑空间满足使用要求、更具有个性的一种手段。建筑装饰能够满足人们的视觉、触觉享受,能够改善建筑物理性能,进一步提高建筑空间的居住质量,因此住宅建筑室内装饰已成为现代人们在使用建筑时必须做的工程。

　　图 1-0-1 是某装饰公司为业主设计的三室两厅的平面布置图,该住宅装修设计属于现代简约风格,顾名思义,就是其细节看上去非常简洁、大气。其各空间的装饰效果图分别如图 1-0-2、图 1-0-3、图 1-0-4、图 1-0-5 所示。客厅的颜色搭配和空间造型充满了现代感,灯饰等个性元素的融入让空间多了一份内涵。空间中多种材质的混合运用,突出了材质本身的设计语言——布艺柔软、珠帘轻盈、原木温润……透露出房屋主人释放个性的生活追求。

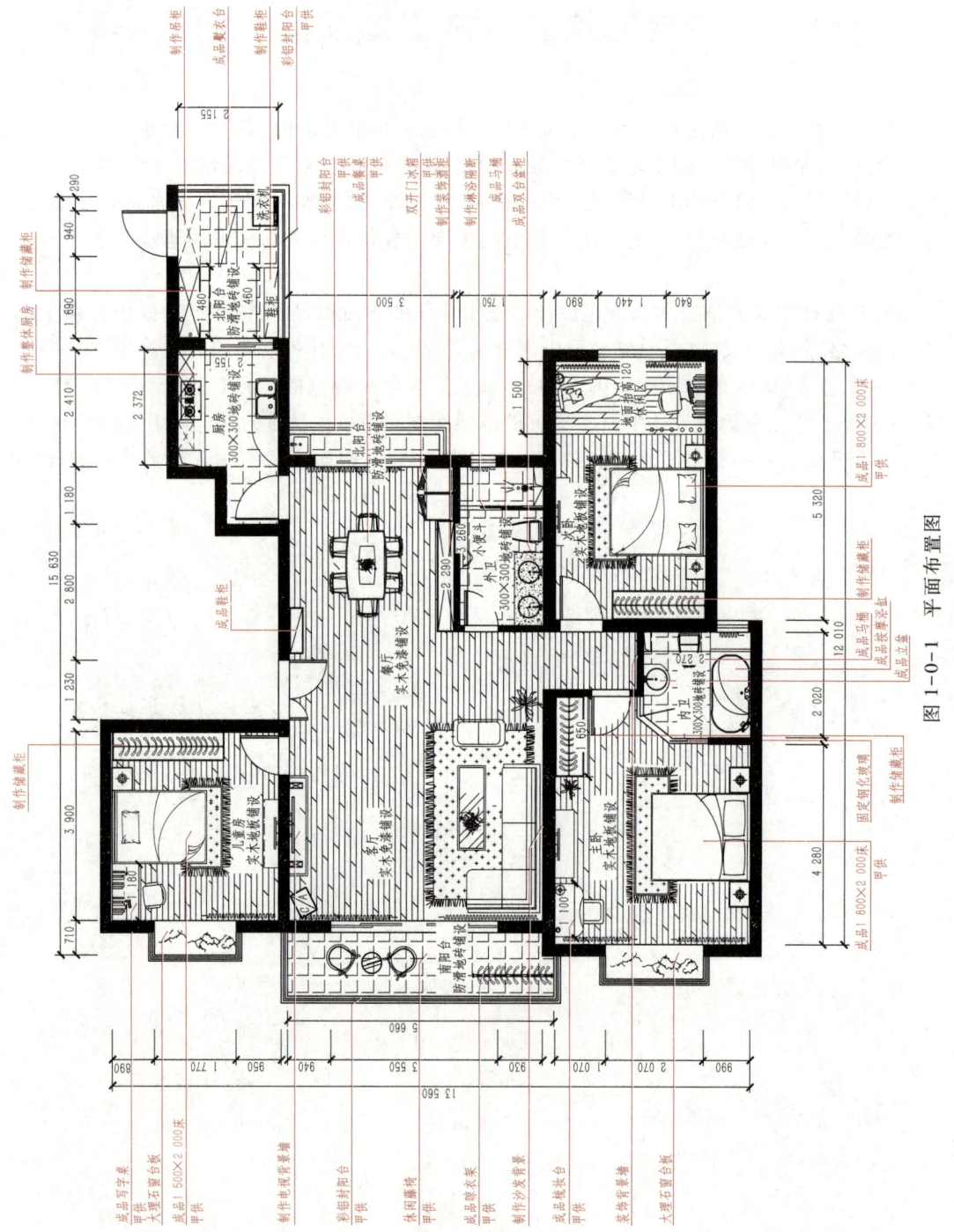

图 1-0-1 平面布置图

图 1-0-2 客厅效果图

图 1-0-3 餐厅效果图

图 1-0-4 卧室效果图

图 1-0-5 卫生间效果图

一套完整的装饰施工图主要包含顶棚装饰施工图、墙面装饰施工图、地面装饰施工图。本项目通过这三部分内容的学习来识读住宅建筑装饰施工图。

任务 1　住宅顶棚装饰施工图识读与构造学习

【任务要求】

识读图 1-1-1 所示某住宅室内装饰施工图中的顶棚镜像平面图，了解顶棚镜像平面图的图示内容，掌握顶棚详图的装饰构造做法，并在理解的基础上绘制常见顶棚装饰构造详图。

【依据标准】

1.《房屋建筑室内装饰装修制图标准》(JGJ/T 244—2011)
2.《内装修　室内吊顶》(12J502-2)

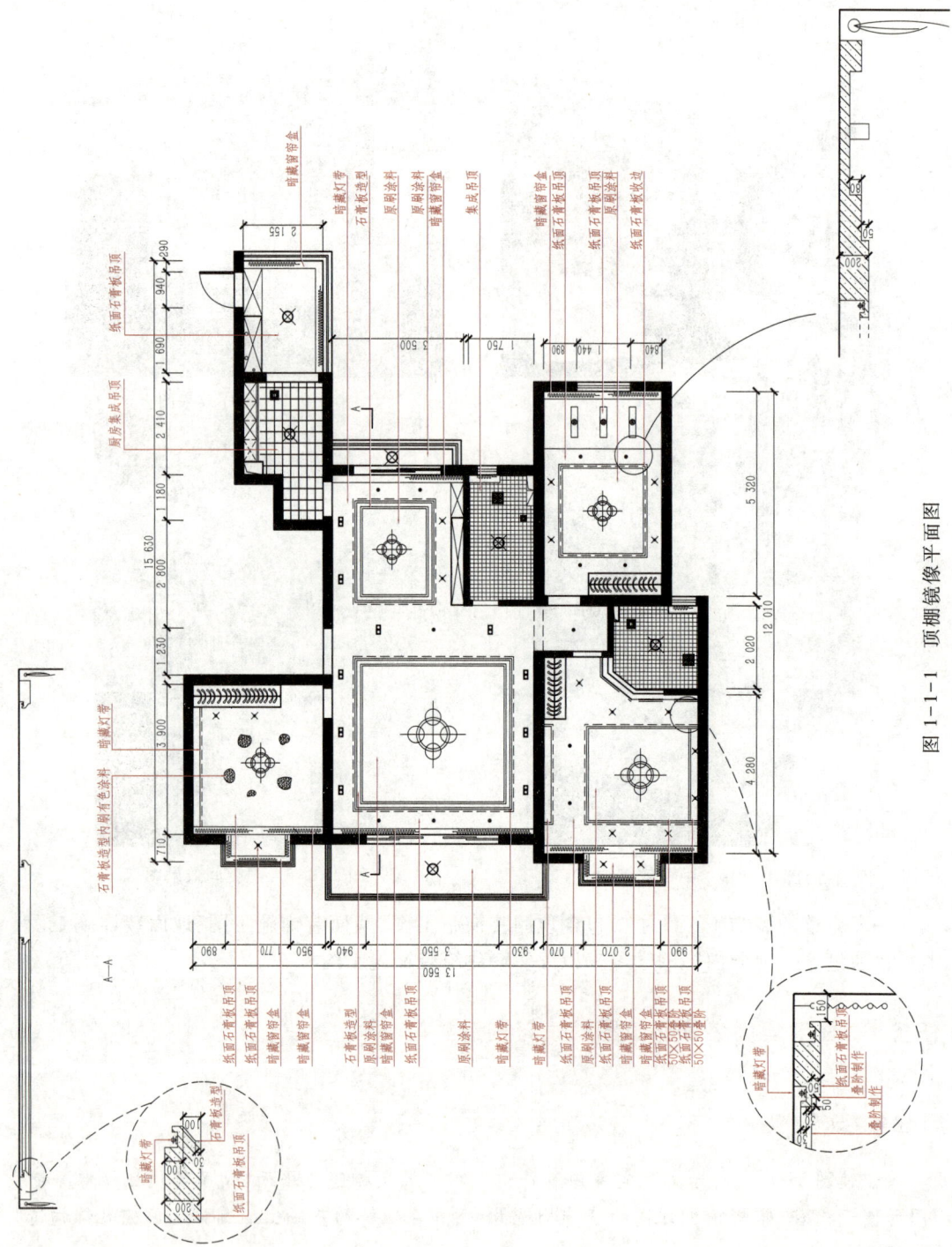

图1-1-1 顶棚镜像平面图

【分析与思考】

1. 顶棚镜像平面图是在什么图的基础上进行装饰设施平面布置的?
2. 通过识读标题栏应能够确定图纸的内容,进而了解整个装饰空间各房间的功能、面积及门窗、走道等主要位置尺寸。
3. 识读顶棚镜像平面图,明确面积、功能、装饰造型尺寸、装饰面的特点及顶面各种设施的位置等关系尺寸。
4. 通过识读顶棚镜像平面图上的文字说明,明确各装饰面设备的种类、品牌和要求。
5. 通过识读顶棚镜像平面图上的索引符号(或剖切符号),明确剖切位置及剖切后的投影方向,进一步查阅装饰详图。

【相关知识】

顶棚的综合功能很强,除了装饰功能外,还兼有照明、放置音响和空调设备、防火等功能,是现代室内装饰设计的重要内容。

一、客厅顶棚装饰构造

客厅顶棚装饰属于家装,室内净空高度较低,吊顶做法选用不上人的单层纸面石膏板吊顶构造。图 1-1-2 为客厅顶棚镜像平面图。

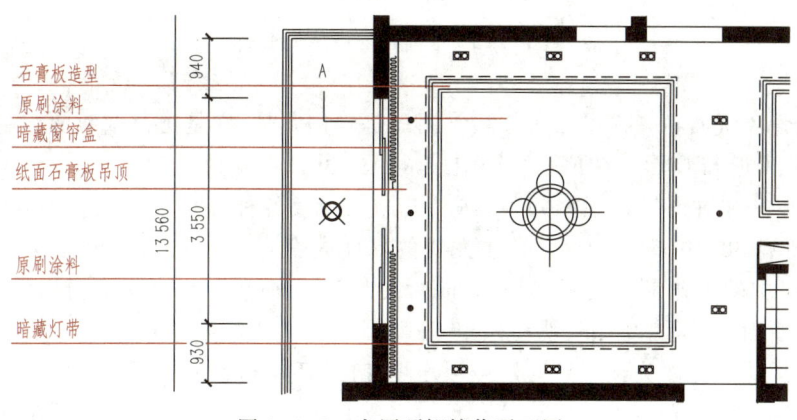

图 1-1-2　客厅顶棚镜像平面图

1. 纸面石膏板吊顶的组成

纸面石膏板吊顶主要包括吊杆、龙骨、附加层、面层。单层局部吊顶效果图和单层吊顶节点施工图分别如图 1-1-3(a)、图 1-1-3(b)所示。当房屋高度允许、吊顶面积较大时,可采用双层吊顶,如图 1-1-3(c)所示。

2. 纸面石膏板吊顶的构造

1) 纸面石膏板吊顶的材料与尺寸

(1) 吊杆　一般采用成品镀锌金属吊杆,角钢吊杆用于固定重型设备。

吊杆直径有 $\phi 6$ mm 和 $\phi 8$ mm 两种规格,标准长度为 3 m,可根据需要进行切割。$\phi 6$ mm 吊杆主要用于不上人吊顶,$\phi 8$ mm 吊杆主要用于上人吊顶。

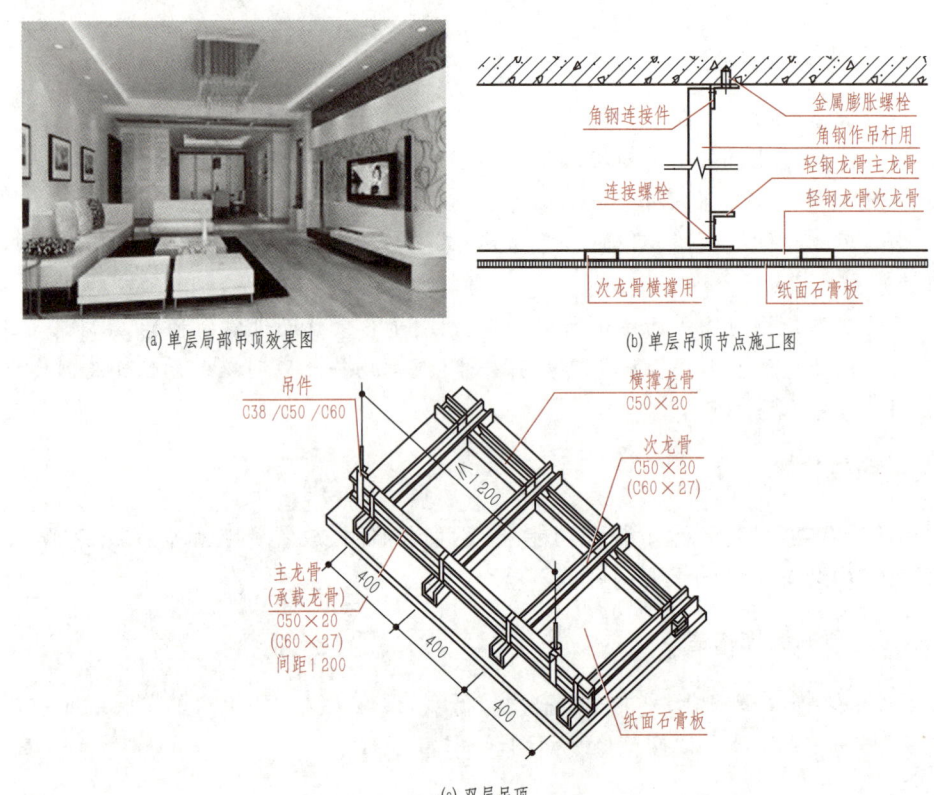

图 1-1-3 纸面石膏板吊顶组成

（2）龙骨　纸面石膏板吊顶骨架最常用的是轻钢龙骨，它是由薄壁镀锌钢制成的型材，主要有 U 形、T 形和 C 形。在顶棚装饰中最常用的为 U 形龙骨。

U 形龙骨由主龙骨、次龙骨、间距龙骨、横撑龙骨及各种连接件组成。主龙骨按其荷载能力分，主要有 38、50、60 三个系列（主龙骨的断面高度有 38 mm、50 mm 和 60 mm 三种）。图 1-1-4（a）中的主龙骨断面高度是 38 mm，次龙骨断面高度是 50 mm，可以称为 38 系列。如果主龙骨断面高度是 60 mm，就称为 60 系列。

（3）附加层　主要为保温填充层或吸声填充层，还包括上人吊顶的检修走道。

（4）面层　纸面石膏板是以建筑石膏为主要原料，掺入适量添加剂与纤维作板芯，以特制的板纸为护面，经加工制成的板材。常用的规格（单位为 mm）有（长）2 400/2 700/3 000/3 300×（宽）1 200×（厚）9.5/12/15，可以根据需要裁切或拼接为任意尺寸。

2）连接构造

（1）吊杆的连接及固定。

① 钢筋吊杆的连接固定方法　在楼板上先根据需要钻出膨胀螺栓的安装孔，然后插入带金属膨胀螺栓的可调钢筋吊杆，拧紧膨胀螺栓的螺母，使膨胀螺栓膨胀，钢筋吊杆通过膨胀螺栓与楼板连接，如图 1-1-4（b）所示。

② 角钢（扁钢）的连接固定方法　角钢（扁钢）的长度应事先测量好，并且在吊件固定的端头，应事先打出两个调整孔，以便调整龙骨的高度。角钢（扁钢）与吊件用 M6 螺栓连接，角钢（扁钢）与主龙骨用两个螺栓固定。角钢（扁钢）端头不得伸出龙骨下

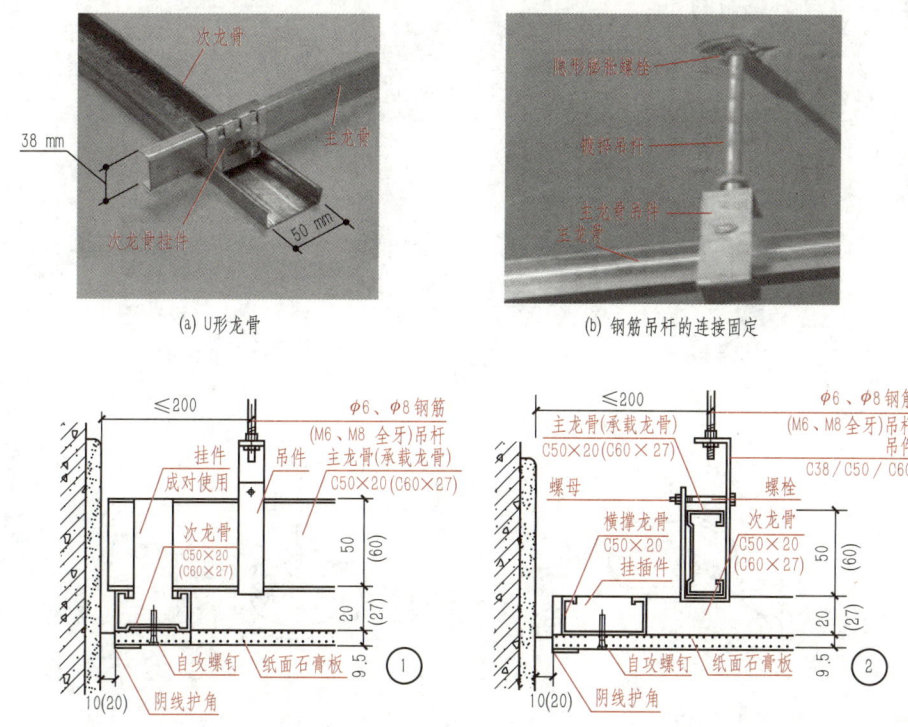

图 1-1-4 纸面石膏板吊顶构造

平面。

(2) 纸面石膏板与龙骨的连接。

纸面石膏板与覆面轻钢龙骨采用自攻螺钉固定。纸面石膏板之间要留 2~4 mm 的缝隙,便于做防开裂处理,其构造详图如图 1-1-4(c)、图 1-1-4(d)所示。

3) 注意事项

一般轻型灯具、风口罩可吊挂在现有或附加的主、次龙骨上。重型灯具、消防水管和有振动的电扇、风道及其他重型设备等严禁安装在顶棚龙骨上,需直接吊挂在结构顶板上。

3. 客厅顶棚灯具装饰构造

1) 筒灯装饰构造

筒灯有明装和暗装两种。筒灯一般安装在无顶灯或吊灯的区域,暗装是指直接在上方空间 150 mm 以上吊顶内装置筒灯,明装是指在吊顶外装置筒灯。筒灯光线比射灯光线要柔和。筒灯的装饰构造如图 1-1-5 所示。

2) 反光灯槽装饰构造

在有叠落的顶棚中,各层周边与顶棚相交处经常做灯槽,借顶棚或墙面反射光线,图 1-1-6 为客厅顶棚与墙交接处设置灯槽的装饰施工示意图。

二、卧室顶棚装饰构造

卧室顶棚主要采用纸面石膏板吊顶,前面已经做了介绍。卧室吊顶与暗藏窗帘盒效果

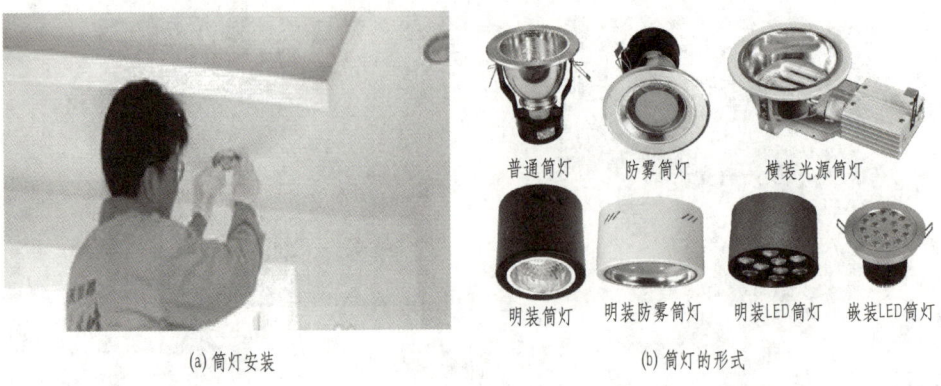

(a) 筒灯安装　　　　　　　　　(b) 筒灯的形式

(c) 筒灯安装步骤

图 1-1-5　筒灯的装饰构造

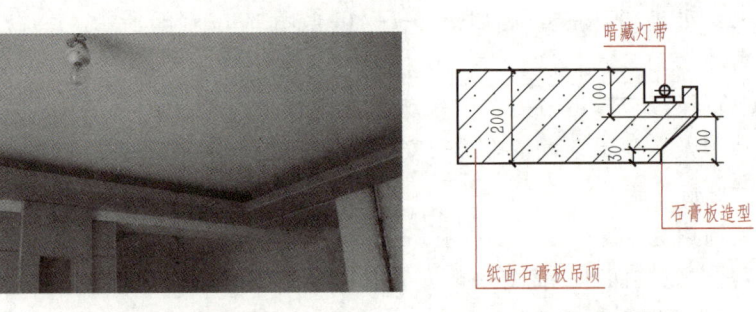

(a) 客厅反光灯槽效果图　　　　(b) 反光灯槽详图

图 1-1-6　客厅反光灯槽效果图和装饰施工示意图

图和装饰施工示意图如图 1-1-7 所示。

三、厨房顶棚装饰构造

厨房顶棚采用集成吊顶构造。

任务 1　住宅顶棚装饰施工图识读与构造学习

(a) 卧室吊顶与暗藏窗帘盒效果图 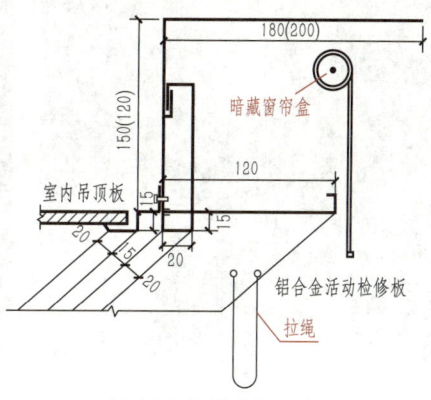　　(b) 暗藏窗帘盒装饰施工示意图

图 1-1-7　卧室吊顶与暗藏窗帘盒效果图和装饰施工示意图

1. 集成吊顶的组成

集成吊顶由暗架铝方板装饰面板、主副龙骨以及相关配件共同构成,其效果如图 1-1-8 (a)所示。

2. 集成吊顶的材料与尺寸

装饰面板一般常用 300 mm×300 mm 的纯铝或铝合金制造,龙骨系统安装完成后隐藏于面板背面而不可见。用于集成吊顶的铝方板如图 1-1-8(b)所示。

3. 集成吊顶的连接

将专用三角龙骨挂件扣入三角龙骨,三角龙骨按所安装铝方板规格卡上(三角龙骨只需用单向,横向不使用);三角龙骨安装好后,直接将铝方板压入三角龙骨缝中,注意方板押边带有小坑的方向插入三角龙骨缝中。集成吊顶构造具体如图 1-1-8(c)、图 1-1-8(d)所示。

【练一练】

1. 说出顶棚的功能、类型及吊顶的组成。
2. 识读图 1-1-3 所示纸面石膏板吊顶轻钢龙骨构造节点,并说出它的构造。
3. 识读图 1-1-8(d)所示集成吊顶构造节点,并说出它的构造。
4. 识读并绘制顶棚镜像平面图。
5. 识读并绘制顶棚构造详图。
6. 了解筒灯的安装方法。
7. 利用课余时间去图书馆查阅规范《内装修　室内吊顶》(12J502-2),识读轻钢龙骨纸面石膏板吊顶与墙连接详图、吊顶伸缩缝详图、吊顶嵌灯具平面图及详图,并说出它们的构造做法。

(a) 集成吊顶效果图

(b) 用于集成吊顶的铝方板

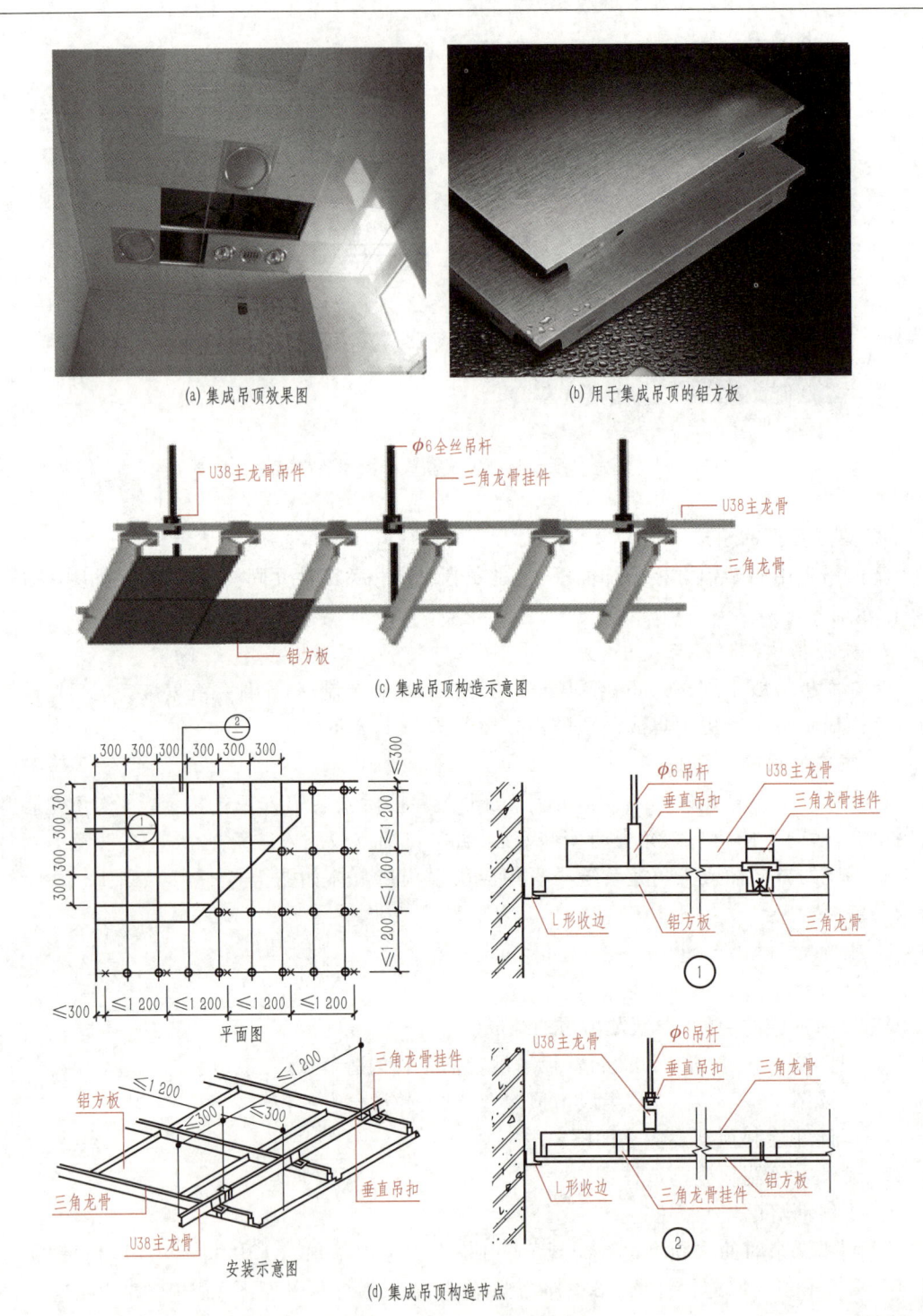

(c) 集成吊顶构造示意图

平面图

安装示意图

(d) 集成吊顶构造节点

图 1-1-8 集成吊顶构造

【任务评价】

评 价 表

序号	评价项目	评价内容	评价标准	配分	得分
1	了解顶棚的功能、种类及吊顶的组成	说出顶棚的功能、种类及吊顶的组成	每说出一条得5分，满分为15分	15分	
2	识读1	读懂纸面石膏板吊顶及集成吊顶构造节点大样图	每说出一个构造做法得2分	20分	
3	识读2	区分纸面石膏板吊顶与集成吊顶的不同	根据给出的不同图片区分类型	10分	
4	绘图1	绘制顶棚镜像平面图	绘制规范得3分，绘制内容正确得7分	10分	
5	绘图2	绘制纸面石膏板吊顶构造详图	绘制规范得3分，绘制内容正确得7分	10分	
6	绘图3	绘制集成吊顶构造详图	绘制规范得3分，绘制内容正确得7分	10分	
7	了解筒灯的安装方法	说出筒灯的安装步骤	每说出一个步骤得2.5分	10分	
8	知识拓展	查阅规范，学习规范	每读懂一处构造，并完整地说出来得5分	15分	

任务2 住宅墙面装饰施工图识读与构造学习

【任务要求】

识读本书附录一住宅室内装饰施工图中立面装饰施工图附图1-6、附图1-7、附图1-8、附图1-9、附图1-10，了解立面装饰施工图图示内容，掌握图纸中墙面装饰构造做法，并在理解的基础上绘制常见住宅建筑室内墙面装饰构造详图。

【依据标准】

1.《房屋建筑室内装饰装修制图标准》(JGJ/T 244—2011)
2.《内装修 墙面装修》(13J502-1)

【分析与思考】

1. 为何要进行墙面装饰？常见的墙面装饰材料有哪些？

2. 通过装饰平面图中的内视符号,能够明确各墙面的装饰构造及与顶棚相交处的收边做法。

3. 明确墙面门窗的位置、形式和灯具及其他设备布置。

【相关知识】

墙面装饰主要起着保护墙体、保证室内使用条件和美化室内环境的作用。墙面装饰按构造方式和施工方式不同,可分为抹灰类、贴面类、涂刷类、镶板(材)类、卷材类墙体饰面。墙面装饰材料有建筑涂料、装饰石材、陶瓷墙砖、壁纸、壁布、金属装饰板、建筑装饰玻璃、装饰吸声板等。墙面装饰还包括轻质隔墙、成品活动隔断和卫生间隔断等。

一、客厅电视背景墙面装饰构造

在家居室内装饰中,客厅装饰是最重要的部分,而在客厅装饰中,电视背景墙的打造是点睛之笔。客厅电视摆放的位置往往是进门后的视觉焦点,因此电视背景墙的装饰尤其重要,其立面效果也是相当丰富的。

图 1-2-1 所示为住宅客厅电视背景墙效果图及立面装饰施工图。其装饰做法是采用装饰石材和建筑装饰玻璃。

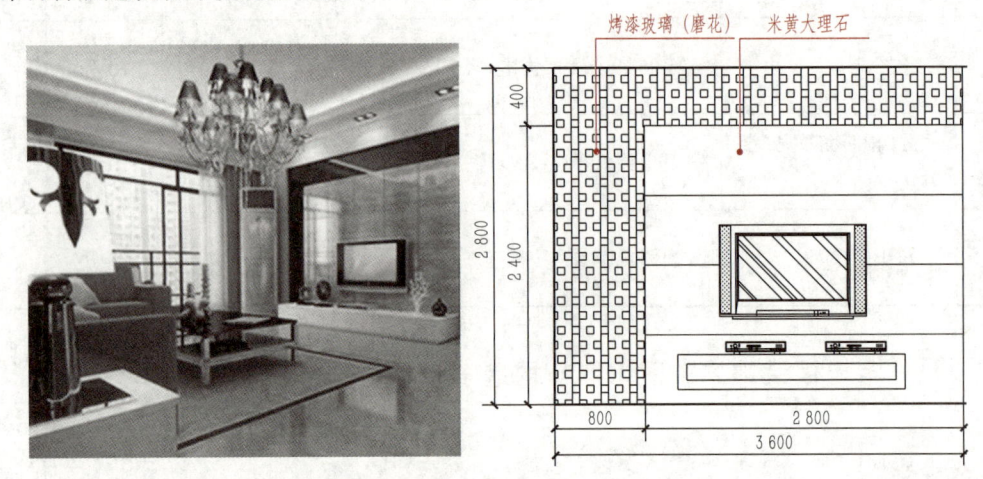

图 1-2-1 住宅客厅电视背景墙效果图及立面装饰施工图

1. 装饰石材构造

装饰石材的构造做法有两种:干挂法和干粘法。因为干粘法具有施工简便、能改善施工环境、增大使用面积、可用于薄型石材等优点,其应用越来越广泛。干粘法多用于高度不大于 3 m 的混凝土结构和钢结构的墙面装饰,其构造组成通常包括骨架、胶黏剂和石材三部分。

1) 材料

装饰石材是从天然岩体中开采出来,加工成块或板状,具有装饰性的建筑石材。它具有花纹自然、古朴庄重、经久耐用等特点,深受人们喜欢。常见的装饰石材有天然大理石、天然花岗石、板石和砂岩。胶黏剂必须选用环氧树脂双组分石材专用胶黏剂(A、B 胶使用时应采用 1∶1 比例混合)。骨架包括竖向槽钢和横向角钢等。装饰石材及胶黏剂如图 1-2-2

所示。

天然大理石　　　　　　天然花岗石

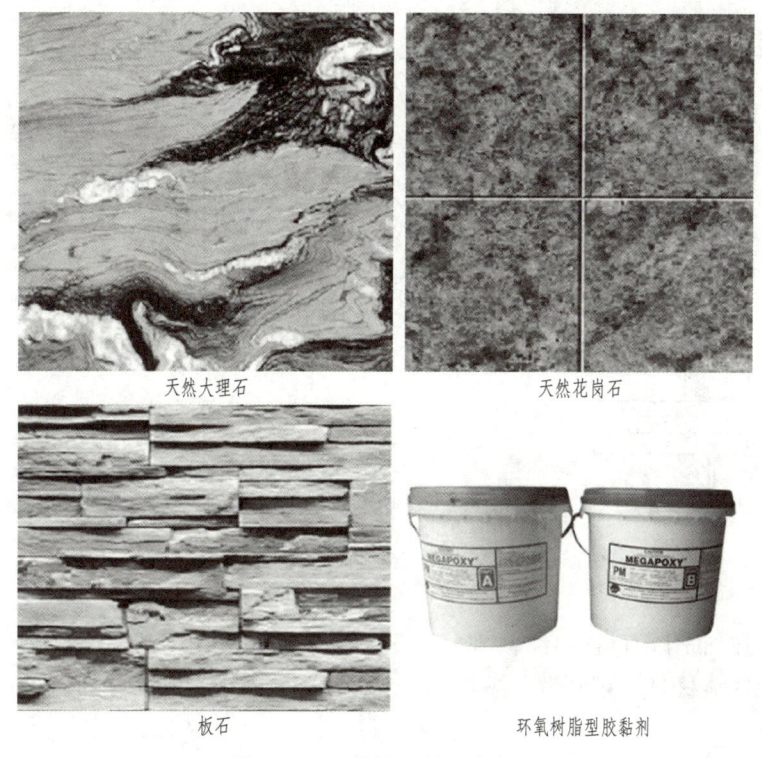

板石　　　　　　环氧树脂型胶黏剂

图 1-2-2　装饰石材及胶黏剂

2）干粘石材构造做法

干粘石材做法主要是利用环氧树脂胶黏剂良好的黏结性能，将石材直接粘贴在固定于基层的钢骨架上，竖龙骨间距一般小于 1.2 m，宜与石材竖向分缝相对应，横龙骨断面不宜小于 ∟40 mm×40 mm×4 mm，其两端与竖龙骨焊接。每块石材必须有 4 个以上的胶黏结点，黏结点中心距板边不得大于 150 mm，两个黏结点中心距不宜大于 700 mm，黏结点处材料表面必须干净和干燥，为使胶黏剂与钢骨架黏结得更牢固，可在骨架黏结点钻 $\phi6\sim\phi8$ mm 小孔，使胶黏剂能被挤入骨架背后，形成锚头。干粘石材墙面（密缝）做法如图 1-2-3 所示。

3）注意事项

石材安装一般从下向上逐层施工，墙面第一层石材施工时可用厚木板临时支托，安装过程中可用卡具和小木楔随时固定和调平、调直，用铝方通检验墙面平直。

石材墙面安装后要注意保护，在 24 h 内不能受较大外力撞击，以免胶体未完全固化使墙面发生变形。

干粘法施工宜在常温下进行，温度低于 5 ℃ 时不宜采用。

2. 建筑装饰玻璃构造

建筑物内墙面或柱面使用玻璃或镜面进行装饰，可使饰面层显得格外整洁、亮丽。同时，镜面饰面板有扩大室内空间、反射景物和创造环境气氛的作用。与灯光结合起来，玻璃或镜面还能形成不同的光影效果。

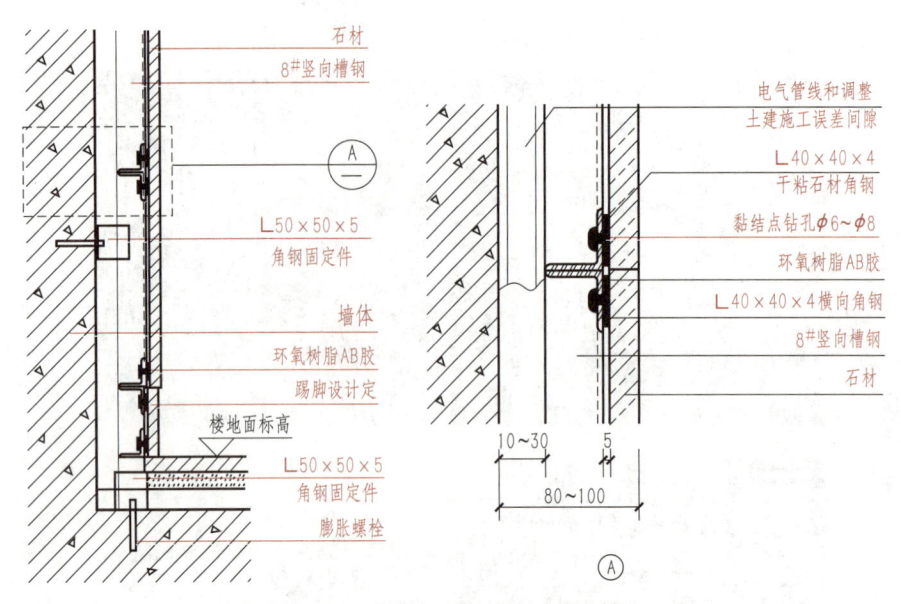

图 1-2-3　干粘石材墙面(密缝)做法

建筑装饰玻璃是以石英砂、纯碱、长石、石灰石等为主要原料,经熔融、成形、冷却、固化后得到的透明固体材料。它分为平板玻璃、装饰玻璃、节能玻璃和安全玻璃。建筑装饰玻璃如图 1-2-4 所示。

图 1-2-4　建筑装饰玻璃

建筑装饰玻璃的品种、规格、性能、图案和颜色应符合设计要求及相关国家标准规定,玻璃板材应使用安全玻璃,如钢化玻璃、夹层玻璃等。

1) 材料与尺寸

烤漆玻璃也叫背漆玻璃,分平面烤漆玻璃和磨砂烤漆玻璃。烤漆玻璃是在玻璃的背面喷漆,在 30°~45°的烤箱中烤 8~12 h 而形成的装饰玻璃。烤漆玻璃具有极强的装饰效果,主要用作墙面、背景墙的装饰,并且适用于任何场所的室内外装饰。

一般家用烤漆玻璃的厚度有 5 mm、8 mm、10 mm、12 mm 等规格。

2) 玻璃的安装

玻璃的安装一般有镜钉法、嵌钉法、广告钉法、粘贴法和托压固定等方法。每种方法都有各自的特点和适用范围。根据玻璃的大小、排列方法、使用场所等因素,选择其中一种或几种方法进行安装。

该住宅电视背景墙局部采用干粘玻璃,一般适用于单块面积不大于 1 m² 的墙面。

3) 干粘装饰玻璃的构造做法

墙面定位弹线→钻孔安装角钢固定件→固定竖向、横向方钢龙骨→安装基层板(12 mm 厚阻燃板)→粘贴玻璃。干粘装饰玻璃构造做法如图 1-2-5 所示。

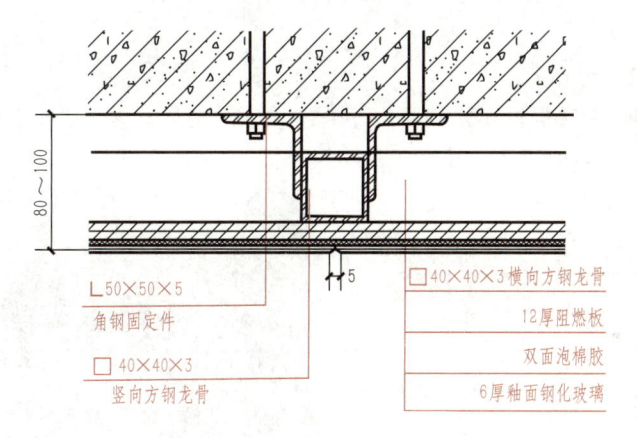

图 1-2-5 干粘装饰玻璃构造做法

4) 注意事项

(1) 角钢固定件上开有长圆孔,以便施工时调节位置和允许使用情况下的热胀冷缩。

(2) 角钢固定件和竖向方钢龙骨、竖向方钢龙骨和横向方钢龙骨均采用焊接方式连接,其间距不大于 1 200 mm。

(3) 在基层板(12 mm 厚阻燃板)表面贴双面泡棉胶,将装饰玻璃按弹线位置粘贴,再用手抹压使其与基面板黏合紧密。

二、主卧室墙面装饰构造

某住宅主卧室墙面装饰为壁纸,图 1-2-6 为主卧室墙面装饰立面施工图。民用建筑壁纸应根据用户的文化层次、年龄、职业及所在地域特征等选用,同时要考虑房间的朝向、层高等。朝阳的房间宜选用冷色调壁纸;背阳的房间宜选用暖色调壁纸;较矮的房间宜选用竖条状壁纸。还应根据经济适用的原则,选用耐磨损、易擦洗的壁纸。

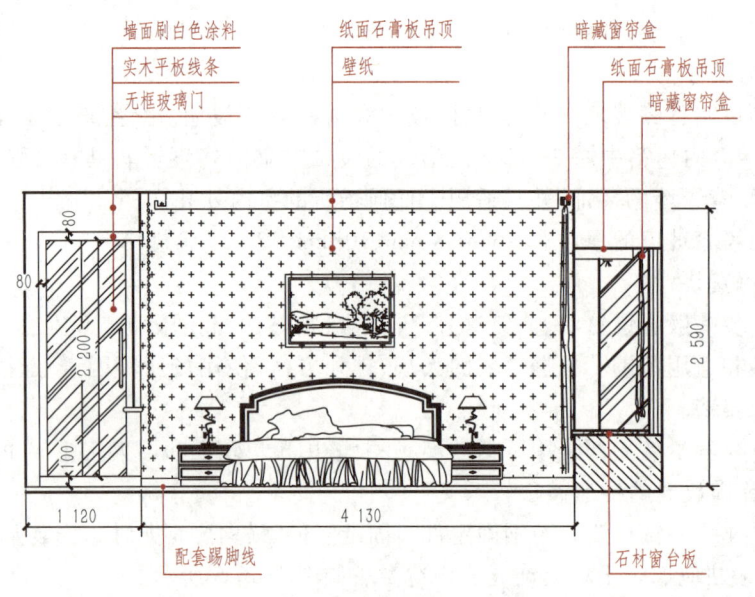

图 1-2-6　某主卧室墙面装饰立面施工图

1. 壁纸墙面的构造组成

壁纸墙面的构造组成根据基层材料(砖墙、砌块墙、混凝土墙、纸面石膏板等)的不同不尽相同。混凝土基层墙面壁纸的构造组成及效果图如图1-2-7所示。

壁纸构造层次图：
- 混凝土墙基层
- 108胶(水重3%～5%)素水泥浆一道
- 10厚1:0.3:3水泥石灰膏砂浆打底扫毛
- 6厚1:0.3:2.5水泥石灰膏砂浆找平层
- 刮腻子一道
- 封闭乳胶漆一道
- 防潮底漆一道
- 1:1:0.1(108胶:水:白乳胶)一道
- 刷壁纸胶一道
- 壁纸一层

壁纸墙面装饰效果图

图 1-2-7　混凝土基层墙面壁纸的构造组成及效果图

2. 材料与尺寸

壁纸(布)是以纸或布为基材,上面覆有各种色彩或图案的装饰面层,用于室内墙面、吊顶装饰的一种饰面材料。

壁纸(布)种类繁多,常见壁纸(布)如图1-2-8所示。常见壁纸(布)的分类、特点、规格及用途见表1-2-1。

| PVC塑料壁纸 | 织物复合壁纸 | 金属壁纸 | 锦缎壁布 |
| 无机质壁纸 | 石英纤维壁布 | 壁毡（壁毯） | 无纺贴墙布 |

图 1-2-8　常见壁纸（布）

表 1-2-1　常见壁纸（布）的分类、特点、规格及用途

分类	特点	常用规格尺寸	用途
PVC塑料壁纸	以优质木浆纸或布为基材，PVC树脂为涂层，经复合、印花、压花、发泡等工序制成。花色品种多，耐磨、耐折、耐擦洗，是目前应用最广泛的壁纸	宽：530 mm 长：10 m/卷	各种建筑物的内墙面装饰
织物复合壁纸	将丝、棉、毛、麻等天然纤维复合于纸基上制成。色彩柔和，透气、吸声性好，无毒，样式典雅豪华，但价格偏高，不易清洗	宽：530 mm 长：10 m/卷	高级饭店、酒吧等场所内墙面装饰
金属壁纸	以纸为基材，在其上真空喷镀一层铝膜形成反射层，再进行各种花色饰面。效果华丽，不老化，耐擦洗，无毒无味	宽：530 mm 长：10 m/卷	高级宾馆、舞厅内墙面、柱面装饰
锦缎壁布	华丽美观，无毒无味，透气性好	宽：720~900 mm 长：20 m/卷	各种建筑物的内墙面装饰
无机质壁纸	面层为各种无机材料，如蛭石壁纸、珍珠岩壁纸等。防火、保温、吸潮、吸声性好	—	有防火要求的房间内墙面装饰

续表

分类	特点	常用规格尺寸	用途
石英纤维壁布	以天然石英砂为原料,加工制成柔软的纤维,然后织成粗网格状、人字状等形状的壁布,其上根据设计要求涂刷各种色彩的乳胶漆。不怕水,不锈蚀,无毒无味,使用寿命长	宽:720~900 mm 长:33.5 m/卷 或 17 m/卷	各种建筑物的内墙面装饰
壁毡(壁毯)	毛、棉、化纤纺织品,质感、手感都很好,吸声、保温、透气性好,但易污染,不易清洁	—	点缀性内墙面装饰
无纺贴墙布	富有弹性,不易折断,不易老化,对皮肤无刺激,透气、防潮性好,色彩鲜艳,不褪色,但防污性差	—	高级宾馆、住宅内墙面装饰

胶黏剂应按壁纸品种选配,并应具有防霉、耐久的性能,常用的有成品胶黏剂和现场调配胶黏剂两类。成品胶黏剂使用方便,现场加适量水(如胶粉与水比例为1∶20)后即可使用。现场调配胶黏剂如用聚乙烯醇缩甲醛胶、羧甲基纤维素(2.5%溶液)、水调配,比例为100∶30∶50,适用于PVC塑料壁纸,调制时,先将聚乙烯醇缩甲醛胶加水拌和,再加入羧甲基纤维素溶液,充分搅匀。

3. 壁纸构造

(1)工艺流程:基层清理→弹线→选配裁切→刷胶→浸水(复合壁纸不浸)→裱糊→成品保护。

(2)对基层要求:基层腻子应平整、坚实,无粉化、起皮和裂缝。

(3)裱糊壁纸时可采用纸面对折上墙的方法。接缝有对缝和搭缝两种形式。一般墙面采用对缝处理,阴、阳角处采用搭缝处理。

(4)裱糊壁纸时纸幅要垂直,先对花、对纹、拼缝,然后用薄钢片刮板由上而下赶压,由拼缝开始,向外向下顺序赶平、压实。将多余的胶黏剂挤出纸边用湿毛巾抹净。

三、次卧室墙面装饰构造

某次卧室墙面装饰采用建筑涂料,图1-2-9为其立面施工图。

建筑涂料种类较多、色彩多样、质感丰富、易于维修翻新,采用特定的施工方法涂覆于建筑物的内外墙、顶、地表面,可形成坚韧的膜,质轻、与基层附着力强,对建筑物起保护作用。有些建筑涂料还具有防火、防霉、抗菌、耐候、耐污等特殊功能。

1. 建筑涂料墙面的构造组成

建筑涂料墙面的构造组成根据基层材料(砖墙、砌块墙、混凝土墙、纸面石膏板等)的不同不尽相同。涂料墙面装饰通常有三个构造层次:底层、中间层和面层。底层的作用是增加涂层与基层的黏结力,清理固定悬浮灰尘;中间层(成型层)的作用是保护基层,形成装饰效果;面层的作用是体现涂层的色彩和光感(两遍)。混凝土基层墙面涂料(乳胶漆)的构造组成及效果图如图1-2-10所示。

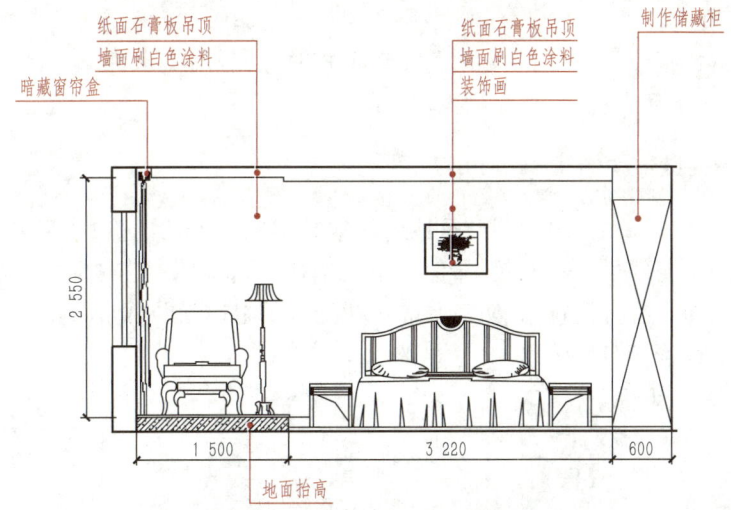

任务 2　住宅墙面装饰施工图识读与构造学习

图 1-2-9　某次卧室墙面装饰立面施工图

图 1-2-10　混凝土基层墙面涂料（乳胶漆）的构造组成及效果图

2. 材料

建筑涂料分为有机涂料、无机涂料、复合涂料和硅藻泥。其中有机涂料又分为溶剂型涂料、水溶性涂料和乳液型涂料（乳胶漆）。硅藻泥是以硅藻土为主要原材料，添加多种助剂的装饰性新型涂料。

乳胶漆因价格便宜、对人体无害、有一定的透气性、耐擦洗性较好等优点，被广泛应用于室内墙面装饰。乳胶漆以乳液为主要成膜物，加适量颜料、填料及辅助材料研磨而成。

3. 构造做法

（1）混凝土墙、抹灰内墙、立筋板材墙表面工程的涂料施工主要工序是清扫基底面层→填补缝隙、局部刮腻子→磨平→满刮第一道腻子→磨平→满刮第二道腻子→磨平→施涂封底涂料→施涂主层涂料→第一道罩面涂料→第二道罩面涂料。

（2）涂饰做法有喷涂、滚涂、弹涂等，其中滚涂最为常用。滚涂是将蘸取涂料的毛辊先按"W"方式滚动将涂料大致涂在基层上，然后用不蘸涂料的毛辊紧贴基层上下、左右来回滚动，使涂料能均匀展开，最后用蘸取涂料的毛辊按一定方向满滚一遍。阴角及洞口周边宜采用排笔刷涂。

4. 注意事项

对泛碱、析盐的基层应先用3%的草酸溶液清洗,然后用清水冲刷干净,或在基层上满刮一道底漆,待其干后刮腻子,再涂刷面层涂料。

四、厨卫墙面装饰构造

在目前的住宅中,厨房、卫生间已从原来的辅助空间上升为与客厅、卧室同样被居民所重视的空间。厨卫空间虽然相对较小,但使用频率高,功能程序复杂,设备配置较多,这就要求其应有良好的防水、防潮、排水、防滑及隔声功能。厨卫墙面装饰最常用的是陶瓷墙砖,厨卫装饰效果图如图1-2-11所示。

图1-2-11 厨卫装饰效果图

1) 陶瓷墙砖组成

陶瓷墙砖的构造做法有两种,即粘贴法和干挂法。当墙面面积较小,墙砖规格在600 mm×600 mm以下时,可用粘贴法。粘贴陶瓷墙砖墙面一般由基层、黏结层和面层三部分组成。面层材料即各类墙砖;黏结层材料采用水泥膏或水泥砂浆,也可以采用专用瓷砖胶黏剂;基层是平整搓毛的抹灰面。

2) 陶瓷墙砖构造

(1) 材料与尺寸。

陶瓷墙砖是由黏土或其他无机非金属原料,经成形、烧结等工艺处理的板块状陶瓷制品,具有无毒、无味、易清洁、防潮、耐酸碱腐蚀、美观耐用等特点。陶瓷墙砖包括釉面砖和瓷质砖。釉面砖包括普通釉面砖、彩色釉面砖、透明釉面砖等,瓷质砖包括通体砖、全瓷釉面砖、仿大理石砖、抛光砖、玻化砖、仿古砖、陶瓷锦砖等,如图1-2-12所示。

陶瓷墙砖的常见规格尺寸有200 mm×200 mm×6 mm、300 mm×300 mm×7 mm(9 mm)、300 mm×450 mm×8 mm、400 mm×400 mm×9 mm、500 mm×500 mm×11 mm、600 mm×600 mm×12 mm、800 mm×800 mm×12 mm等。

(2) 粘贴陶瓷墙砖的构造做法。

清洁墙体基底→刷界面剂→刷聚合物砂浆(或配套胶黏剂)→贴墙砖(嵌缝剂填缝、清理),如图1-2-13所示。

3) 注意事项

(1) 选择配套的胶黏剂是粘牢墙砖的关键,选择胶黏剂的依据是看墙砖的吸水率。

彩色釉面砖　　　　　普通釉面砖和腰线砖　　　　浮雕艺术砖

通体砖　　　仿大理石砖　　　仿花岗岩砖　　　瓷质艺术砖

抛光砖　　　仿古砖　　　玻化砖　　　陶瓷锦砖（马赛克）

图1-2-12　釉面砖和瓷质砖

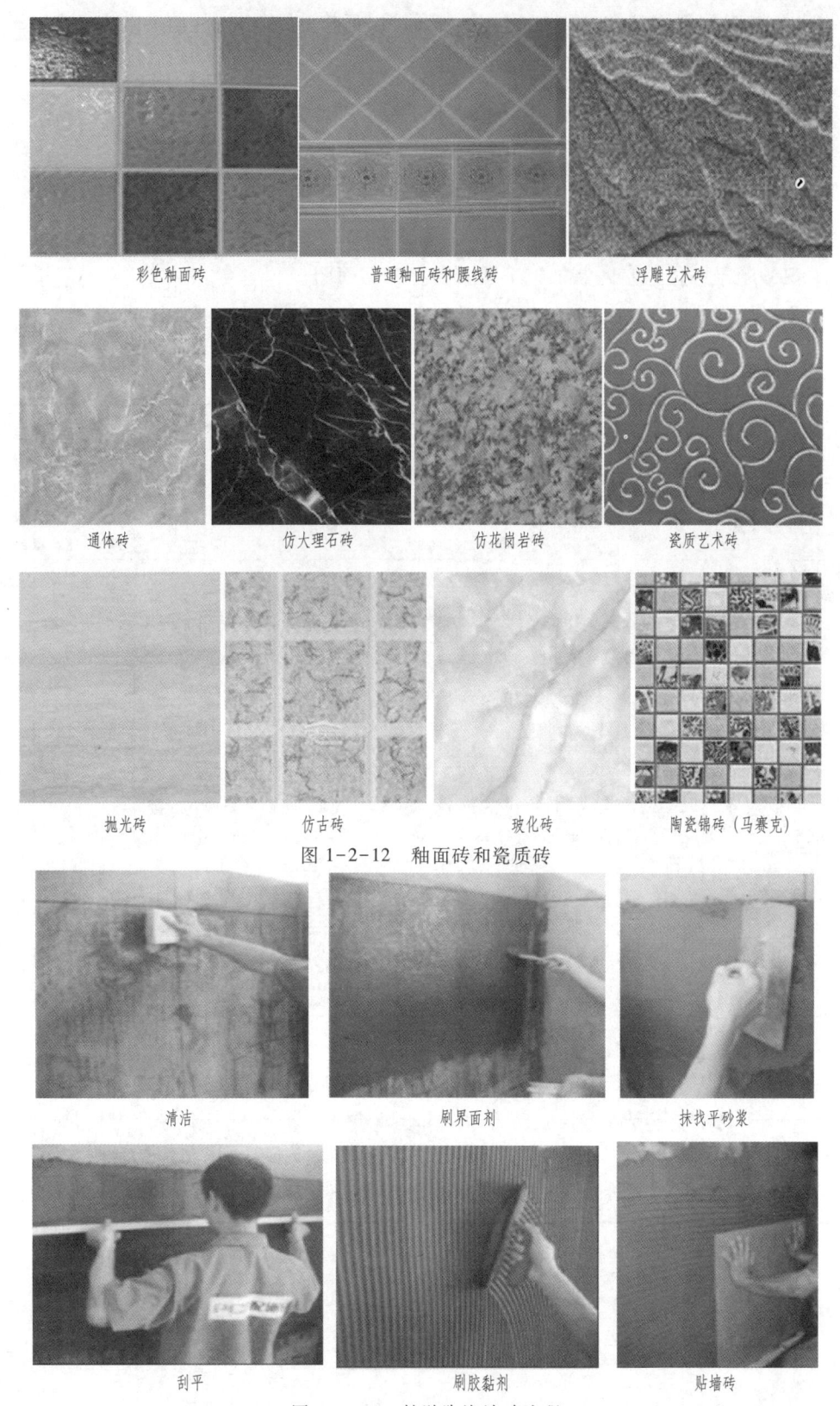

清洁　　　　　刷界面剂　　　　　抹找平砂浆

刮平　　　　　刷胶黏剂　　　　　贴墙砖

图1-2-13　粘贴陶瓷墙砖流程

（2）施工基层要求清洁、平整、无尘土、无油污、不起皮、不掉粉。如果墙砖吸水率较高，环境干燥，宜用水湿润基层。

【练一练】

1. 说出墙面装饰的作用、类型。
2. 说出各种墙面装饰的特点及使用情况。
3. 绘制常见墙面装饰构造详图。
4. 识读附录一住宅室内装饰施工图中的各个立面图。

【任务评价】

评 价 表

序号	评价项目	评价内容	评价标准	配分	得分
1	了解墙面装饰的作用及类型	说出墙面装饰的作用、类型	每说出一条得5分，满分为10分	10分	
2	绘图1	绘制陶瓷墙砖构造详图	绘制规范得5分，绘制内容正确得10分	15分	
3	绘图2	绘制建筑涂料墙体装饰构造详图	绘制规范得5分，绘制内容正确得10分	15分	
4	绘图3	绘制壁纸类墙体装饰构造详图	绘制规范得5分，绘制内容正确得10分	15分	
5	识读附录一住宅室内装饰施工图中的一个立面图	根据立面图，说出各墙面的装饰构造	每说出一条得5分，满分为20分	20分	
6	学习总结	说出常见墙面装饰的特点及使用情况	每说出一条得5分，满分为10分	10分	
7	知识拓展	查阅规范，学习规范	每读懂一处构造，并完整地说出来得5分	15分	

任务3　住宅地面装饰施工图识读与构造学习

【任务要求】

识读图 1-3-1 某住宅地面铺装图,了解与地面铺装有关的装饰施工图图示内容,掌握图纸中不同地面装饰方式的构造做法,并在理解的基础上绘制常见地面装饰构造详图。

【依据标准】

1. 《房屋建筑室内装饰装修制图标准》(JGJ/T 244—2011)
2. 《内装修　楼(地)面装修》(13J502-3)

【分析与思考】

1. 地面铺装图主要表示哪些内容?
2. 地面铺装图在什么情况下可以合并到平面布置图中绘制?
3. 识读地面铺装图,明确不同地面装饰材料的形式、规格、铺装方式、色彩、施工工艺要求等。
4. 识读地面铺装图,注意不同界面高差的变化。
5. 通过识读地面铺装图上的索引符号(或剖切符号),明确剖切位置及剖切后的投射方向,进一步查阅装饰详图。

【相关知识】

地面是建筑物底层地面和楼层地面(楼面)的总称。地面铺装图又称地面装修图、地面材质图等,它是指室内地面装饰材料品种、规格、分格及图案拼花的布置图。

地面铺装图应该主要表示:不同地面装饰材料的形式、规格;带有地面装饰材料的铺装方式、色彩、种类、施工工艺要求的文字说明;不同地面装饰材料的分格线以及必要的尺寸标注;需要用详图说明地面做法的构造处应标注出剖切符号、详图索引符号。

当地面装饰材料的品种、规格等较简单时,地面铺装图可以合并到平面布置图中绘制。

地面铺装图中的墙、柱等承重构件投影线应采用粗实线绘制,主要装饰构件的投影线可采用中实线绘制,地面材料的分格线、造型等采用细实线绘制。

在一个房间中,地面是使用最频繁的部位。各个房间根据使用功能、使用条件不同,对地面装饰材料的种类、施工工艺、尺寸以及地面的高差等有着不同的要求。地面铺装图不但是施工依据,同时也是采购地面装饰材料的参考图样。

某住宅的地面铺装图如图 1-3-1 所示,从图中可以看到,地面高差无变化,客厅、餐厅、主卧室、次卧室、儿童房均采用实木地板地面,阳台、厨房和卫生间均采用地砖地面,地砖选用防滑地砖,规格大小为 300 mm×300 mm。

图 1-3-1 某住宅地面铺装图

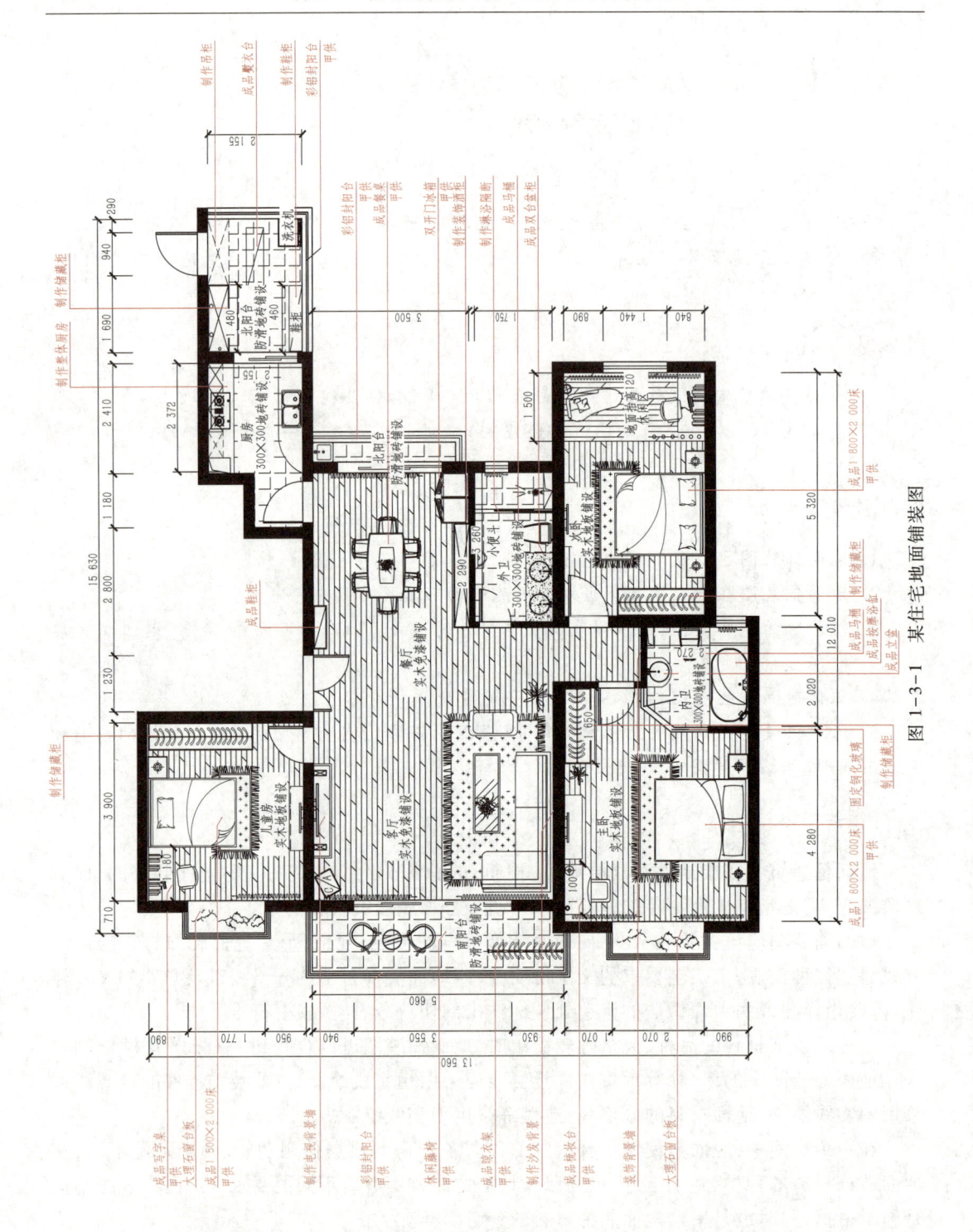

一、客厅、餐厅及卧室地面装饰构造

住宅装饰工程中,客厅、餐厅及卧室地面铺装常选用地砖、木地板等。由图1-3-1可以看出,该住宅客厅、餐厅、主卧室、次卧室及儿童房均采用实木地板。图1-3-2为客厅、餐厅地面装饰施工图。

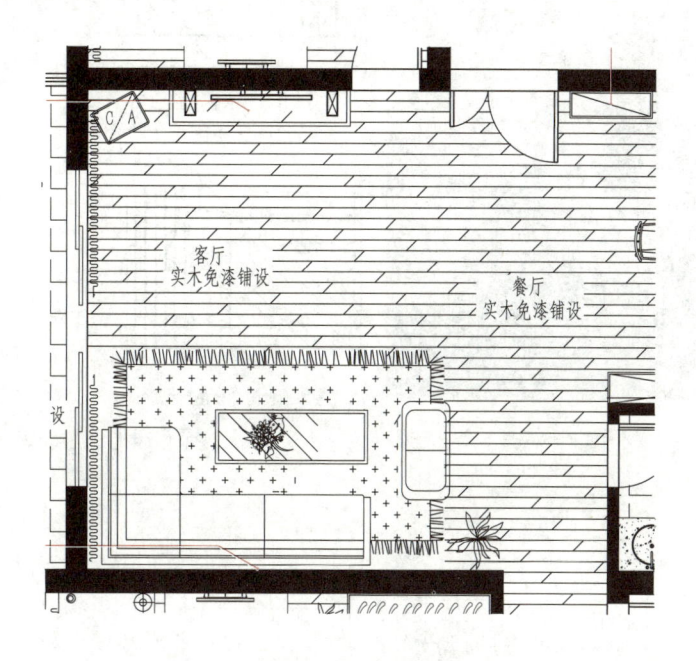

图 1-3-2 客厅、餐厅地面铺装图

木地板是指用木材制成的地板。木地板常用于儿童房、老人房、卧室、客厅、剧场舞台、健身房、训练馆、比赛场等的室内地面。木地板的主要品种是实木地板、复合地板和强化地板。实木地板使用天然木材,从上到下由一整块木板,经机械设备加工而成。实木地板主要有两个品种,一种是长条木地板,一种是拼花木地板。目前市场上的主流产品是长条木地板。

实木地板有以下几个特点:

(1) 具有木质敦厚、花纹和色泽自然、弹性良好、耐用等优点。

(2) 实木的导热系数小,所以具有冬暖夏凉的特点,其给人的心理感觉也较复合地板优越。

(3) 由于实木是天然材质,污染较小,具有自然原始的温馨风味,有回归自然的原始美感。

(4) 实木地板的缺点是防火性能差、安装工序多、施工难度大、维护麻烦、价格高、木材的含水率不容易掌控,有变形之忧。

1. 实木地板的组成

实木地板的构造层次主要有实木地板面层、防潮层、毛地板、木龙骨,如图1-3-3所示。

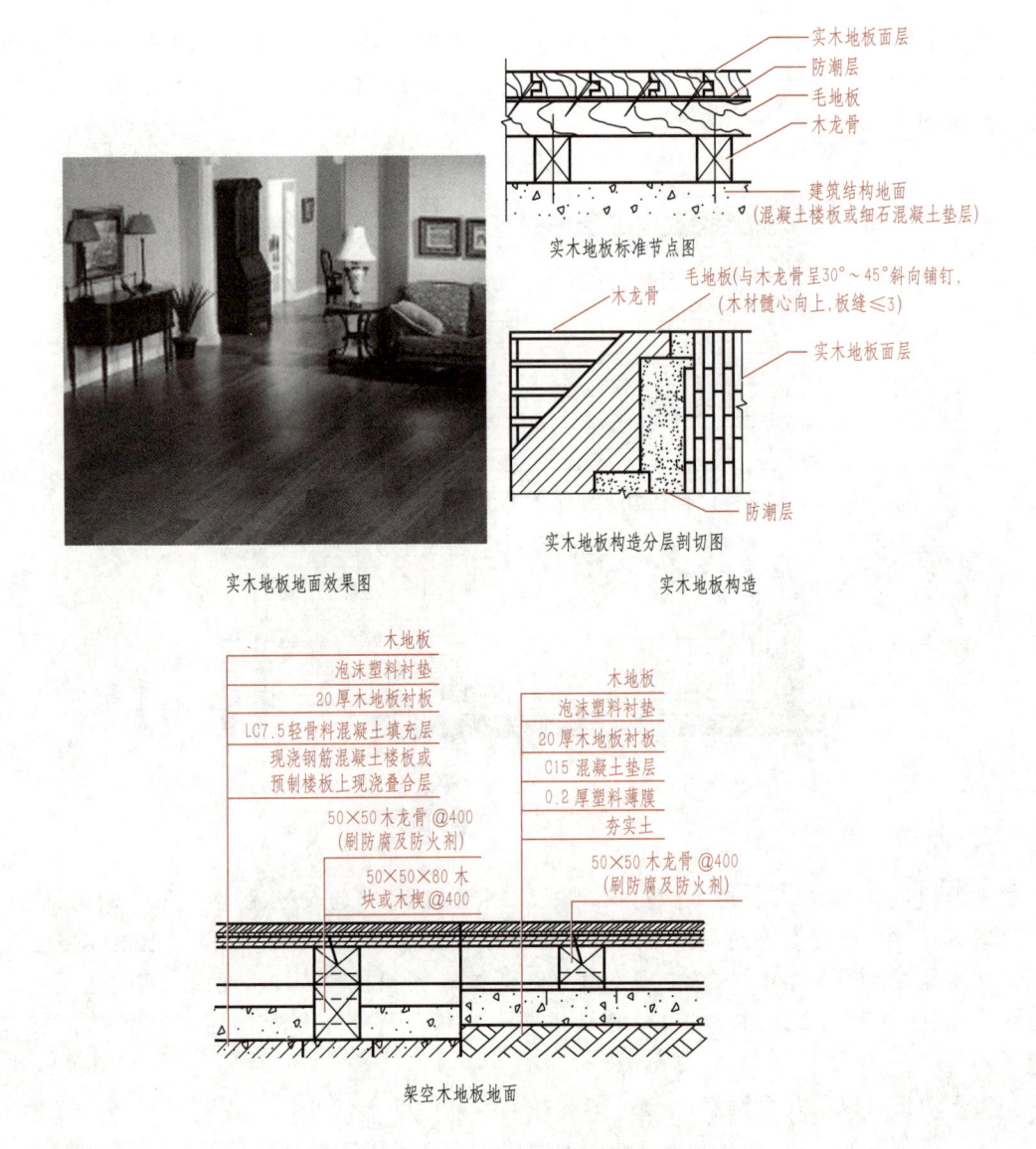

图 1-3-3 实木地板的组成

2. 实木地板的构造

1) 实木地板的材料与尺寸

实木地板的常用规格有以下几种。

长度：480 mm、520 mm、600 mm、610 mm、750 mm、760 mm、900 mm、910 mm、1 200 mm 等。

宽度：60 mm、65 mm、75 mm、90 mm、122 mm、125 mm 等。

标准厚度为 18 mm，市场上也有 16 mm、14 mm、12 mm 等厚度。

2) 连接构造

(1) 留伸缩缝。

为确保安装质量,防止木地板变形拱起,木地板安装宽度超过 6 000 mm 时必须留伸缩缝,一般在门口处也要留伸缩缝。伸缩缝处木龙骨及木地板要断开,并使用过渡条(高分子条、铜条)盖缝。

(2) 安装木龙骨。

用电锤打孔下木橛法安装木龙骨。同一根木龙骨下相邻孔距不得超过 300 mm,同时离木龙骨两端最近的两个孔距木龙骨两端的距离不得超过 100 mm。孔的深度不得超过 40 mm。安装木龙骨如图 1-3-4 所示。

图 1-3-4　安装木龙骨

(3) 撒防虫剂。

在木龙骨与地面之间撒防虫剂,防虫剂可用天然樟木片或花椒代替。

(4) 钉毛地板。

双层木地板构造要钉毛地板,在木龙骨顶面弹与木龙骨呈 30°~45°角的铺钉线。单层木地板做法不需要钉毛地板。

毛地板铺钉时,木材髓心应向上,接头必须设在木龙骨上,错缝相接,每块板的接头处留 2~3 mm 的缝隙,板间缝隙不应大于 3 mm,与墙之间留 8~12 mm 的缝隙。毛地板用地板钉钉牢在木龙骨上,板的端头各钉两颗钉子,与木龙骨相交位置钉一颗钉子,钉帽应冲入地板 1 mm 左右。

毛地板也可使用钉子将耐水多层胶合板直接钉于木龙骨上,每块板的接头处留 2~3 mm 的缝隙。

(5) 铺防潮垫。

在木龙骨上平铺专用防潮塑料衬垫,衬垫与墙之间应留 10~12 mm 空隙。

(6) 固定木地板。

木地板的安装方向垂直于木龙骨的方向。从过道边处开始固定铺装(客厅地板的安装视具体情况而定)。木地板应错缝铺装(1/2 或 1/3 错缝)。第一排木地板与墙壁间要留 10 mm 的缝隙,凹槽口朝墙壁。用电钻在木龙骨正上方的木地板凸槽上口呈 45°角钻孔,然后用地板专用螺纹钉固定木地板,如图 1-3-3 所示。

3）注意事项

在满足审美的情况下,从木材的稳定性来说,木地板尺寸越小,抗变形能力越强,故应该尽量选用偏短、偏窄的实木地板,而不是偏长、偏宽的实木地板。

木地板作为天然制品,是不可能没有节子的,木地板上的节子如图1-3-5所示。木地板上的节子即节疤,可分为活节和死节。活节的合理分布,反而会使木制品更美。优等品是不允许有缺陷性的节子存在的,国家相关规范规定:凡直径≤3 mm的活节子和直径≤2 mm且没有脱落、非紧密型的死节子都不作为缺陷性节子。另外,有的地板是采用树心材料和近树皮的材料制成的,谨防商家提等级标价。有的地板采用的木材被大量的虫蛀过,因而留有许多虫眼,这种地板的木质不是很好,购买时需慎重,刻意做旧的仿古纯手工实木地板除外。

图1-3-5 木地板上的节子

木地板中的复合地板具有诸多优点,在家庭居室和公共场所的地面装修中大量使用。复合地板构造如图1-3-6所示,施工过程如下:

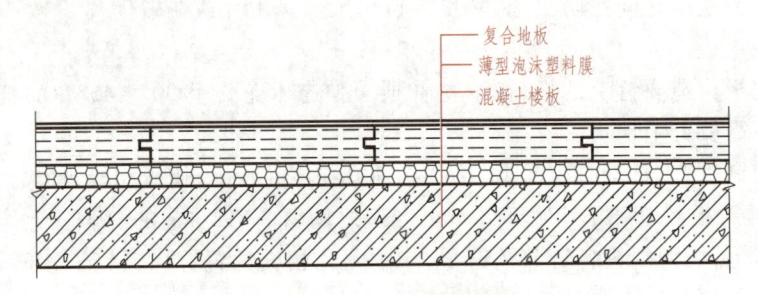

图1-3-6 复合地板构造

（1）铺设双层防潮膜　下面一层用来防潮,上面一层厚度大、稍有弹性,除了防潮外还能起到改善脚感的作用。防潮膜必须完全覆盖整个铺设的地面,接缝的地方要用胶带封住,如图1-3-7所示。注意,双层薄膜接缝的地方都要用胶带封住。

（2）铺设地板　防潮膜铺设完毕,接下来就是铺设地板了。与实木地板不同,实木复合地板的侧边有特殊企口（锁扣）,安装时能紧紧地扣住,更加稳固。根据测量后的尺寸对地板进行切割。安装时从侧面敲打地板,如图1-3-8所示,让地板间的锁扣更好地锁紧,地板表面的接缝也更细,看不出来。

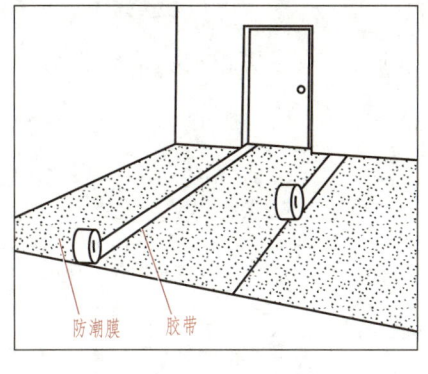

图 1-3-7　铺设防潮膜

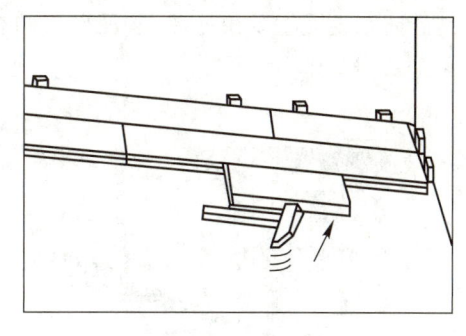

图 1-3-8　侧面敲打地板

地板与墙面之间要保持 8～10 mm 缝隙，有足够的缝隙，才能确保地板不发生膨胀起拱。安装时，为了使地板与墙面间保持固定的伸缩缝，可用 10 mm 厚的小木块垫在地板四周，如图 1-3-9 所示，地板铺装好后将小木块拔掉。地板与壁柜间的缝隙要用专用扣条盖缝。

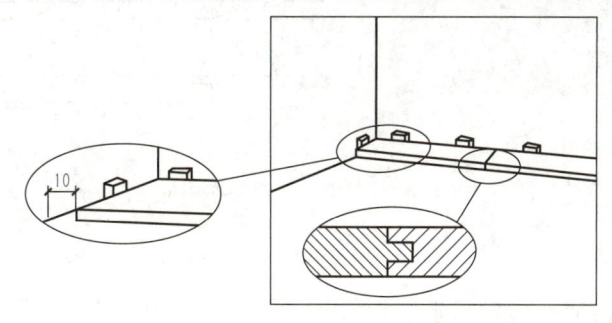

图 1-3-9　地板与墙面间插入小木块保持缝隙

（3）安装踢脚板　应先在墙面上弹出踢脚板上口的水平线，在墙面上安装固定卡，然后将踢脚板扣装在固定卡上。

二、厨房、卫生间及阳台地面装饰构造

地砖具有无毒、无味、易清洁、防潮、耐酸碱腐蚀、无有害气体散发、美观耐用等特点。在住宅装修中，地砖地面适用于客厅、卧室、阳台、卫生间、厨房等空间。由图 1-3-1 中可以看出，图中的厨房、卫生间及阳台地面采用的是地砖防水地面。图 1-3-10 为厨房、阳台地面装饰平面图。

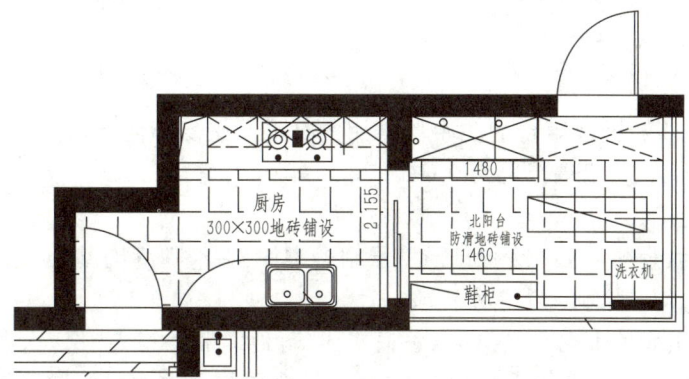

图 1-3-10　厨房、阳台地面装饰平面图

1. 地砖防水地面的组成

地砖防水地面主要由地砖、水泥砂浆结合层、防水层、找坡层等组成。地砖防水地面组成如图 1-3-11 所示。

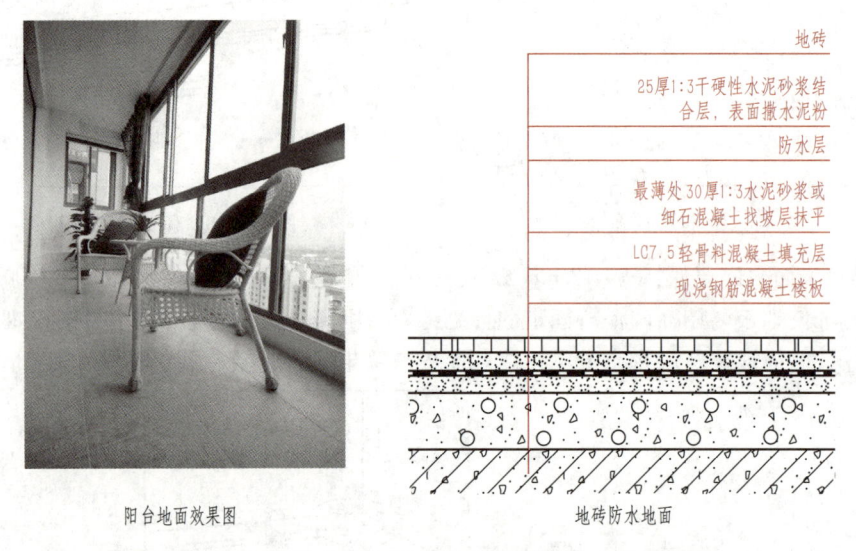

图 1-3-11 地砖防水地面组成

2. 地砖防水地面的构造

1）地砖防水地面的材料与尺寸

（1）陶瓷地砖。

陶瓷地砖坚硬、耐磨、耐水、光滑、易清洁、种类繁多、花色丰富。陶瓷地砖表面可以加工成抛光面、磨光面、平面、毛面、麻面，还可以进行压花浮雕以及丝网印刷、套花、渗花等工艺处理，其中抛光砖技术日益成熟，得到广泛应用。

陶瓷地砖分为有釉和无釉两种。地砖多为正方形和长方形，其常用规格有 300 mm×300 mm、300 mm×600 mm、600 mm×600 mm、900 mm×900 mm 等，厚度为 8~10 mm。

（2）陶瓷锦砖。

陶瓷锦砖俗称马赛克，它通常是由边长小于 40 mm 的小块瓷砖镶拼成各种图案的陶瓷制品。很多小块陶瓷锦砖按图案反贴在一张牛皮纸上成为一联，每联 305.5 mm 见方，每 40 联为一箱，每箱约 3.7 m^2。

（3）防水层。

住宅的厨房、卫生间及阳台的防水层常用的材料是聚氨酯防水涂料，干燥后厚度达到 1.5 mm，面撒黄沙，四周沿墙上翻 150 mm 高。

2）连接构造

（1）刷素水泥浆结合层。为保证与基层结合牢固，在清理好的基层上，均匀洒水一遍，等地面无明水后，均匀涂刷一道素水泥浆。

（2）再铺设干硬性水泥砂浆（即以手捏成团、落地即散为宜）垫层，水泥和砂的配合比为 1∶3~1∶4（体积比），铺设厚度 30 mm 左右，结合层与干硬性水泥砂浆垫层应分段随刷

任务 3　住宅地面装饰施工图识读与构造学习

随铺。

（3）铺贴地砖时，地砖背面朝上抹 4~5 mm 水泥膏，铺贴在水泥砂浆垫层上，地砖上棱略高出水平标高线，找正、找平后，用橡皮锤包白布拍实。

（4）铺贴过程中地砖间缝隙要求小于 2 mm（仿古砖除外），用专业勾缝剂进行填缝处理。

3）注意事项

住宅装修中，对于厨房、卫生间及阳台等部位需要做防水处理。这些部位的防水层在房主购入新房时已经做好，并进行了 24 h 的闭水试验，试验合格。因此，新房装修不需要再做防水层，可直接铺贴地砖。房屋二次装修更换地砖时，容易损伤原有防水层，要对防水层进行处理。

若住宅客厅、餐厅要铺贴地砖，做法参照图 1-3-12 所示地砖地面做法，无须做防水层和找坡层。

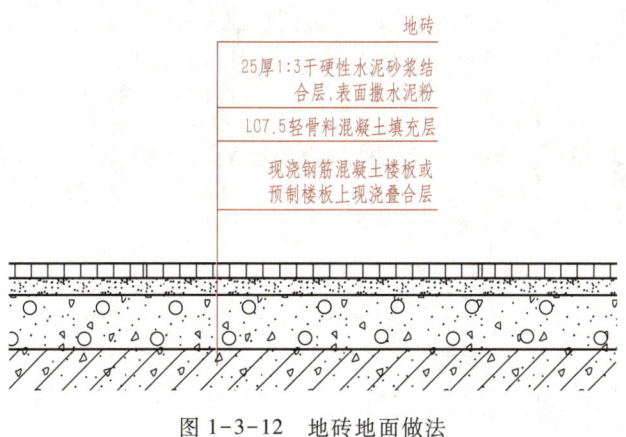

图 1-3-12　地砖地面做法

【练一练】

1. 说出实木地板、地砖防水地面的材料组成及注意事项。
2. 绘制实木地板、地砖防水地面的构造做法图。
3. 绘制住宅客厅铺贴陶瓷地砖的构造做法图。
4. 利用课余时间去图书馆查阅国家建筑标准设计图集《内装修　楼（地）面装修》（13J502-3），识读地砖地面、地砖防水地面的构造做法。
5. 正确识读并绘制住宅地面铺装图。

【任务评价】

评 价 表

序号	评价项目	评价内容	评价标准	配分	得分
1	了解地面铺贴的功能、种类及组成	说出不同地面铺贴的功能、类型及组成	每说出一条得5分，满分为15分	15分	
2	识读1	读懂地面不同铺贴方式的构造节点详图	根据详图每说出一个构造做法得2分	20分	
3	识读2	区分地砖防水楼面与地砖楼面的不同	根据给出的不同图片区分类型	10分	
4	绘图1	绘制住宅地面铺装图	绘制规范得5分，绘制内容正确得10分	15分	
5	绘图2	绘制实木免漆地板构造详图	绘制规范得5分，绘制内容正确得10分	15分	
6	绘图3	绘制地砖防水地面构造详图	绘制规范得5分，绘制内容正确得5分	10分	
7	知识拓展	查阅规范，学习规范	每读懂一处构造，并完整地说出来得5分	15分	

项目总结

1. 顶棚的综合功能很强，除了装饰功能外，还兼有照明、放置音响和空调设备、防火等功能，是现代室内装饰设计的重要内容。

2. 纸面石膏板吊顶主要包括吊杆、龙骨、附加层、面层。

3. 纸面石膏板吊顶骨架最常用的是轻钢龙骨，它是由薄壁镀锌钢制成的型材，主要有U形、T形和C形。在顶棚装饰中最常用的为U形龙骨。吊杆与结构层的连接主要有钢筋吊杆连接固定方法和角钢(扁钢)连接固定方法。

4. 一般轻型灯具、风口罩可吊挂在现有或附加的主、次龙骨上。重型灯具、消防水管和有振动的电扇、风道及其他重型设备等严禁安装在顶棚龙骨上，需直接吊挂在结构顶板上。

5. 集成吊顶是现代厨房、卫生间常用的一种做法。集成吊顶是金属方板与电器的组合，它由暗架铝方板装饰面板、主副龙骨以及相关配件共同构成。

6. 筒灯是一种嵌入到顶棚内、光线下射式的照明灯具。普通筒灯一般采用功率为5~40 W的白炽灯或节能灯，灯头一般用螺口灯头，构造简单。筒灯有明装和暗装两种。明装筒灯比暗装筒灯更具有装饰性。筒灯一般安装在无顶灯或吊灯的区域，吊顶板上方空间在150 mm以上才可以安装。

7. 墙面装饰主要起着保护墙体、保证室内使用条件和美化室内环境的作用。墙面装饰按构造方式和施工方式不同,可分为抹灰类、贴面类、涂刷类、镶板(材)类、卷材类墙体饰面。墙面装饰材料有建筑涂料、装饰石材、陶瓷墙砖、壁纸、壁布、金属装饰板、建筑装饰玻璃和装饰吸声板等。墙面装饰还包括轻质隔墙、成品活动隔断、卫生间隔断等。

8. 陶瓷墙砖的构造做法有两种,即粘贴法和干挂法。当墙面面积较小,墙砖规格在600 mm×600 mm 以下时,可用粘贴法。陶瓷墙砖墙面一般由基层、黏结层和面层三部分组成。其构造做法是清洁、湿润墙体基底→刷界面剂→刷聚合物砂浆(或配套胶黏剂)→贴墙砖(嵌缝剂填缝、清理)。

9. 玻璃的安装一般有镜钉法、嵌钉法、广告钉法、粘贴法和托压固定等方法。干粘装饰玻璃的构造做法为墙面定位弹线→钻孔安装角钢固定件→固定竖向、横向方钢龙骨→安装基层板(12 mm 厚阻燃板)→粘贴玻璃。

10. 裱糊壁纸一般构造做法是批刮腻子2~3道,砂纸磨平→涂封闭乳液底涂料(封闭底胶)一道,或1∶1稀释的108胶水一道→刷专用壁纸胶→裱贴壁纸。

11. 建筑涂料分为有机涂料、无机涂料、复合涂料和硅藻泥。其中有机涂料又分为溶剂型涂料、水溶性涂料和乳液型涂料(乳胶漆)。硅藻泥是以硅藻土为主要原材料,添加多种助剂的装饰性新型涂料。涂饰做法有喷涂、滚涂、弹涂等,其中滚涂最为常用。

12. 地面铺装图应该主要表示:不同地面装饰材料的形式、规格;带有地面装饰材料的铺装方式、色彩、种类、施工工艺要求的文字说明;不同地面装饰材料的分格线以及必要的尺寸标注;需要用详图说明地面做法的构造处应标注出剖切符号、详图索引符号。

13. 实木地板的构造层次主要有实木地板面层、防潮层、毛地板、木龙骨。

14. 地砖防水地面的构造层次主要有地砖、水泥砂浆结合层、防水层、找坡层。

项目二　展厅建筑装饰施工图识读与构造学习

展厅装饰是在已有展厅建筑主体上覆盖新的装饰表面，是对已有建筑空间效果的进一步设计，更好地满足展厅展示的功能。展示是以综合人、物、场所等的最佳空间关系为手段，以传达特定信息为目的的展览、演示活动。每个展厅设计都有它自身所要表达的含义，展厅装饰最终反映的是设计师的审美和设计水平。

2010年上海世博会中国国家馆的设计以"城市发展中的中华智慧"为主题，由于形状酷似一顶古帽，因此被命名为"东方之冠"，其颜色为代表中国的大红色，称"中国红"，看起来格外惹眼。上海世博会中国国家馆如图2-0-1所示。

图 2-0-1　上海世博会中国国家馆

第一展区："东方足迹"（图2-0-2）。通过几个风格迥异的展项，重点展示中国城市发展理念中的智慧。其中的多媒体综合展项播放的第一部影片，以中国当代的城市化进程为背景，表现了改革开放30多年来中国自强不息的城市化发展道路，以及当代中国人在城市建设中的澎湃活力与执着精神。国宝级名画《清明上河图》被艺术地再现于展厅中（图2-0-3），引领参观者从中国当代城市化面临的现实和挑战出发，对古代城市的和谐生活进行回顾，感悟中国城市发展中的"天人合一""和谐共生"的思想智慧。

图 2-0-2　第一展区"东方足迹"　　　　图 2-0-3　第一展区内景

第二展区:"寻觅之旅"(图2-0-4)。采用轨道游览车,以古今对话的方式让参观者在最短的时间内领略中国城市营建规划的智慧,通过桥区、斗拱区、梦境城市区、园林区等向参观者展示古今城市的规划、特色、对比与结合。第二展区内景如图2-0-5所示。

图2-0-4 第二展区"寻觅之旅"　　　　图2-0-5 第二展区内景

第三展区:"低碳行动"。聚焦以低碳为核心元素的中国未来城市发展,展示中国人如何通过"师法自然的现代追求"来应对未来的城市化挑战,为实现全球可持续发展提供"中国式的回答"。第三展区"低碳行动"及其内景如图2-0-6、图2-0-7所示。

图2-0-6 第三展区"低碳行动"　　　　图2-0-7 第三展区内景

图2-0-8为某学校教学成果展厅的平面布置图,图2-0-9、图2-0-10是展厅的效果图。顶棚灰色铝方通与白色吊顶的搭配庄重大气,符合现代人的审美观,展厅地面的钢化玻璃地台使得空间变得丰富,更有趣味性,很好地融合了现代元素,逐渐取代了原来的榻榻米地台装修……

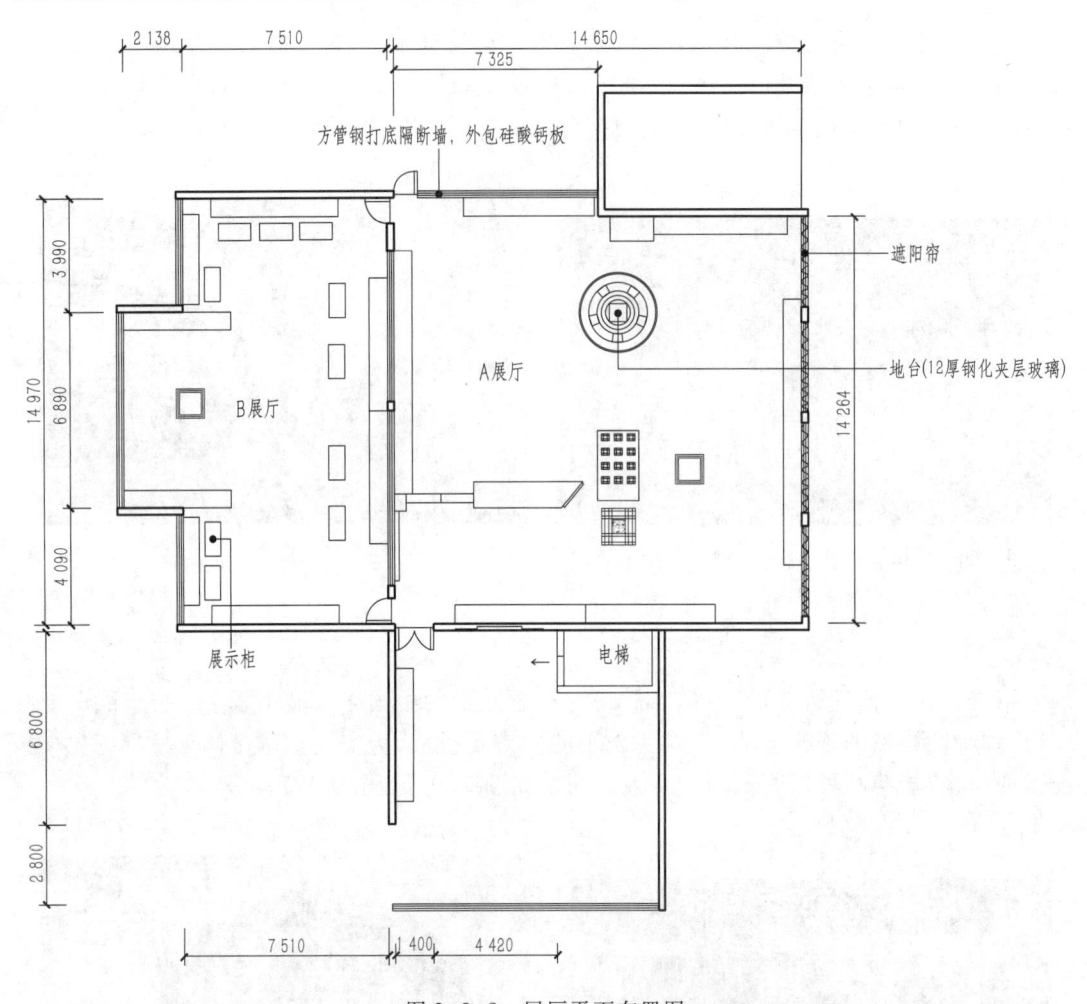

图 2-0-8　展厅平面布置图

图 2-0-9　展厅顶棚

图 2-0-10　展厅地台与墙体

项目二通过对展厅顶棚、墙面/柱面、地面装饰构造的学习，进一步加深对装饰施工图的理解。

任务 1　展厅顶棚装饰施工图识读与构造学习

【任务要求】

识读本书附录二展厅装饰施工图中的顶棚镜像平面图附图 2-4 和灯具布置图附图 2-5,了解顶棚装饰施工图图示内容,掌握顶棚的装饰构造做法,并在理解的基础上绘制常见顶棚装饰施工图。

【依据标准】

1.《房屋建筑室内装饰装修制图标准》(JGJ/T 244—2011)
2.《内装修　室内吊顶》(12J502-2)

【分析与思考】

1. 通过识读标题栏应能够确定图纸的内容,进而了解整个装饰空间各房间的功能、面积及门窗、走道等主要位置尺寸。
2. 识读顶棚镜像平面图,明确面积、功能、装饰造型尺寸、装饰面的特点及顶面各种设施的位置等关系尺寸。
3. 通过识读顶棚镜像平面图上的文字说明,明确各装饰面设备的种类、品牌和要求。
4. 通过识读顶棚镜像平面图上的索引符号(或剖切符号),明确剖切位置及剖切后的投影方向,进一步查阅装饰详图。

【相关知识】

展厅顶棚镜像平面图如图 2-1-1 所示。

一、B 展厅顶棚装饰构造

本案例 B 展厅采用的是 100 mm×100 mm 的方格式铝格栅吊顶。

1. 铝格栅吊顶的组成

铝格栅吊顶的构造层次主要有结构层、吊挂体系、主骨条(起主龙骨的作用)、副骨条(起次龙骨的作用)等。铝格栅吊顶效果图如图 2-1-2(a)所示,铝格栅吊顶骨架体系示意图如图 2-1-2(b)所示。

2. 铝格栅吊顶的构造

1) 材料与尺寸

结构层:一般为楼板或型钢等基层。

吊挂体系:一般采用成品镀锌金属吊杆及弹簧吊扣组成,如图 2-1-3(a)所示。吊杆有 $\phi6$ mm 和 $\phi8$ mm 两种规格,标准长度为 3 m,可根据需要进行切割。$\phi6$ mm 吊杆主要用于不上人吊顶,$\phi8$ mm 吊杆主要用于上人吊顶。

主骨条与副骨条都采用铝合金板条,如图 2-1-3(b)所示。方格式铝格栅吊顶的铝格

图 2-1-1 展厅顶棚镜像平面图

(a) 铝格栅吊顶效果图　　(b) 铝格栅吊顶骨架体系示意图

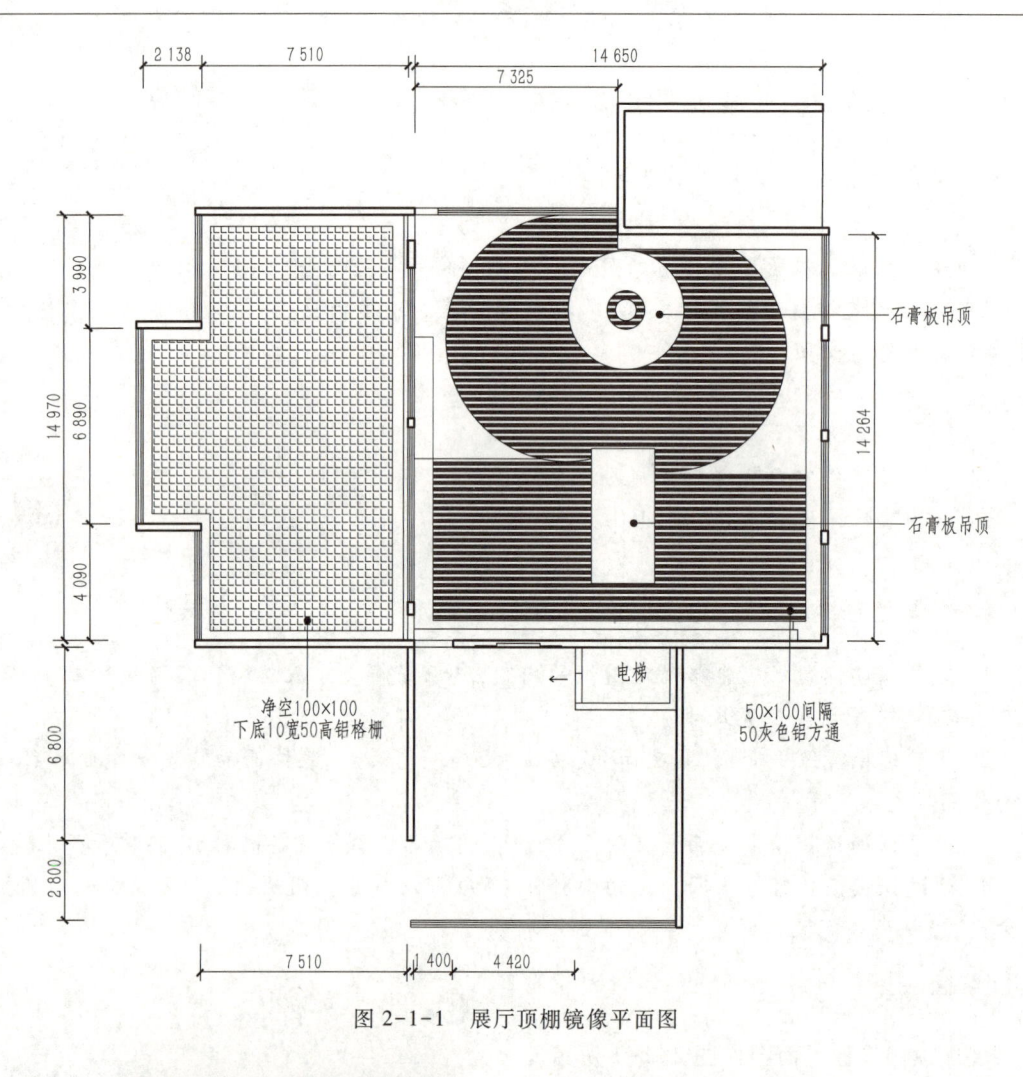

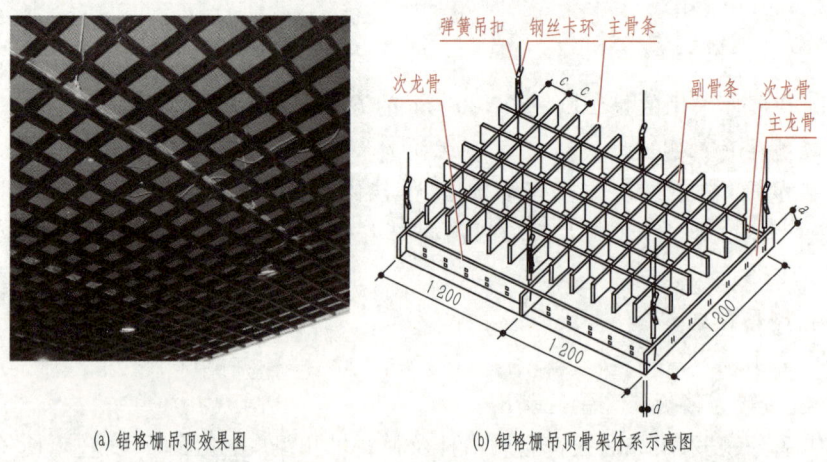

图 2-1-2 铝格栅吊顶

栅条底面宽度有 10 mm、15 mm、20 mm、30 mm 四种；高度有 40 mm、50 mm、60 mm、80 mm、

100 mm 等可供选择;方格式铝格栅方格中距分别有 75 mm×75 mm、100 mm×100 mm、120 mm×120 mm、150 mm×150 mm、200 mm×200 mm 等尺寸。本案例采用的是 10 mm×100 mm 的尺寸。

方格内任何一部分的单元组块大小有 1 200 mm×600 mm、1 200 mm×1 200 mm 两种。

2）连接

（1）吊杆的连接及固定　在楼板上先根据需要钻出膨胀螺栓的安装孔,然后插入带金属膨胀螺栓的吊杆。

（2）主骨条与副骨条的连接如图 2-1-3(c)所示。

（3）边龙骨连接构造如图 2-1-3(d)所示。

(a) 吊挂体系

(b) 主骨条与副骨条

(c) 主骨条与副骨条的连接

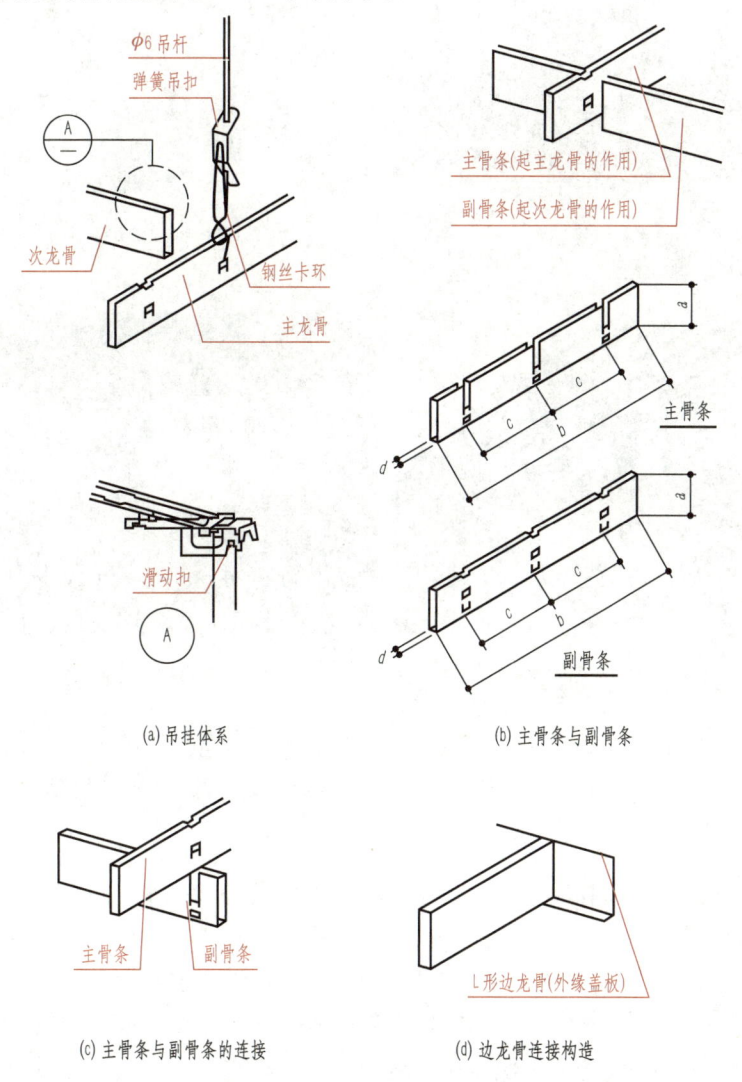

(d) 边龙骨连接构造

图 2-1-3　铝格栅吊顶的构造

3）注意事项

灯具及其他设备末端需自行吊挂在结构板及梁顶上,未经设计计算不可直接着力于骨条上。

二、A 展厅顶棚装饰构造

本案例 A 展厅主要采用的是铝方通吊顶,又叫单向格栅吊顶,其构造做法与前面所述的方格式铝格栅吊顶一样。铝方通吊顶效果如图 2-1-4(a)所示,铝方通吊顶构造如图 2-1-4(b)所示。在装修中,还有一种铝圆管格栅使用比较广泛,其效果图和构造如图 2-1-4(c)、图 2-1-4(d)所示。

(a) 铝方通吊顶效果图　　　　　　　　(b) 铝方通吊顶构造

(c) 铝圆管格栅吊顶效果图　　　　　　(d) 铝圆管格栅吊顶构造

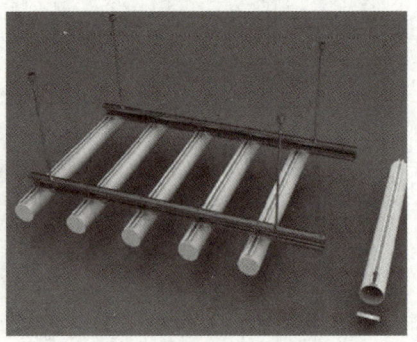

图 2-1-4　单向铝格栅吊顶

三、展厅顶棚射灯的装饰构造

本案例展厅所用灯具主要为射灯,展厅射灯效果图如图 2-1-5(a)所示。

1. 射灯的特点

(1) 光线集中,可以重点突出或强调某物件或空间,装饰效果明显。
(2) 颜色接近自然光,将光线反射到墙面上,视觉感受舒服,不会刺眼。
(3) 能够调节照射角度,做出不同的投射效果。
(4) 一般发热量较大,要配合专业的变压器或恒流电源使用。

2. 射灯的安装

安装射灯前期施工时需要电工与木工配合好,注意把电线的位置布置正确。
吊顶板上方空间高度决定了灯孔的深度,施工时注意,灯孔的深度要能放进射灯。灯孔开挖要准确,尺寸或间距等要一致。

3. 常见的射灯

常见的射灯如图 2-1-5(b)所示。

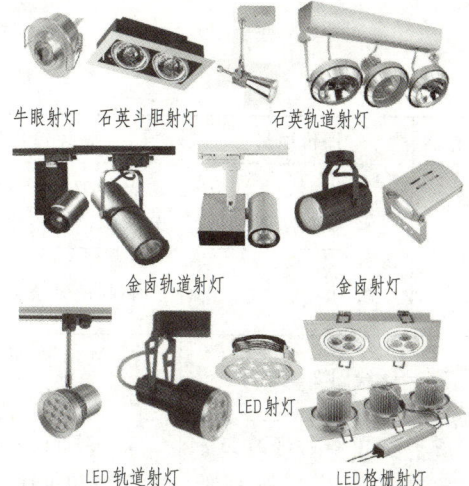

(a)展厅射灯效果图　　(b)常见的射灯

图 2-1-5　射灯构造

4. 射灯与筒灯的区别

筒灯一般用于普通照明或辅助照明。

射灯是一种高度聚光的灯具,主要用于特殊的照明,比如在需要强调的特殊区域使用。

1）光源

筒灯可以装白炽灯,也可以装节能灯。装白炽灯时发黄光,装节能灯时视灯泡类型可以发白光或者黄光。天花筒灯的光源方向是不能调节的。

一般家用射灯使用石英灯珠(石英灯珠只能发黄光)或 LED 灯珠,大型射灯使用金卤灯泡。一般的射灯的光源方向可自由调节。

2）应用位置

一般的普通照明或辅助照明,在无顶灯或吊灯的区域,安装筒灯是很好的选择,光线相对于射灯要柔和一些。

射灯主要用于需要强调或突出表现的地方,如电视墙、挂画、饰品等,可以打出光晕以增强效果。

3）安装方法

筒灯一般安装在吊顶内,吊顶高度在 150 mm 以上才可以安装。筒灯也有外置型的。

射灯分为轨道式、点挂式和内嵌式等多种。射灯一般带有变压器。内嵌式的射灯可以装在吊顶内。

【练一练】

1. 识读图 2-1-3 所示方格式铝格栅吊顶的构造,并说出它的构造。
2. 识读并绘制顶棚镜像平面图。

3. 绘制顶棚构造详图。

4. 利用课余时间去图书馆查阅规范《内装修 室内吊顶》(12J502-2),识读铝合金方格吊顶详图,并说出它的构造。

【任务评价】

评 价 表

序号	评价项目	评价内容	评价标准	配分	得分
1	识读	识读方格式铝格栅吊顶节点构造并说出它的构造	每说出一处构造做法得10分	40分	
2	绘图1	绘制顶棚镜像平面图	绘制规范得5分,绘制内容正确得10分	15分	
3	绘图2	绘制铝格栅吊顶构造详图	绘制规范得5分,绘制内容正确得10分	15分	
4	了解射灯的安装方法及与筒灯的区别	说出射灯的安装方法及在光源、应用位置、安装方法方面与筒灯的区别	说出一条得5分	20分	
5	知识拓展	查阅规范,学习规范	每读懂一处构造,并完整地说出来得2.5分	10分	

任务 2　展厅墙柱面装饰施工图识读与构造学习

【任务要求】

识读本书附录二展厅装饰施工图中的立面装饰施工图附图 2-8、附图 2-9、附图 2-10、附图 2-11、附图 2-12、附图 2-13、附图 2-14、附图 2-15、附图 2-16、附图 2-17,了解立面装饰施工图图示内容,掌握图纸中墙柱面装饰构造做法,并在理解的基础上绘制常见公共建筑室内墙面装饰构造详图。

【依据标准】

1.《房屋建筑室内装饰装修制图标准》(JGJ/T 244—2011)
2.《内装修 墙面装修》(13J502-1)

【分析与思考】

1. 思考展厅墙面装饰有哪些特点。
2. 体会公共建筑主要墙面的造型样式、装饰材料及装饰构造,比较其与住宅墙面装饰的异同点。
3. 明确室内配置物品在墙面中的位置、立面造型和主要尺寸。

【相关知识】

展厅用于展览、演示活动。展厅装饰一般要求和谐、简洁、突出焦点、表达明确的主体、建立醒目标志,同时还要考虑空间、人流安排和易建易拆等。

一、展厅墙面装饰构造

该展厅墙面装饰主要采用硅酸钙板轻钢龙骨隔墙,如图 2-2-1 所示。隔墙是分割建筑物内部空间的非承重墙,在构造上要求自重轻、厚度薄、刚度好、拆装方便。隔墙按构造方式不同分为砌块隔墙、骨架隔墙、板材隔墙;按使用材料不同分为木质隔墙、石膏板隔墙、玻璃隔墙、金属隔墙等;按使用功能的不同分为拼装式、推拉式、折叠式、卷帘式等。

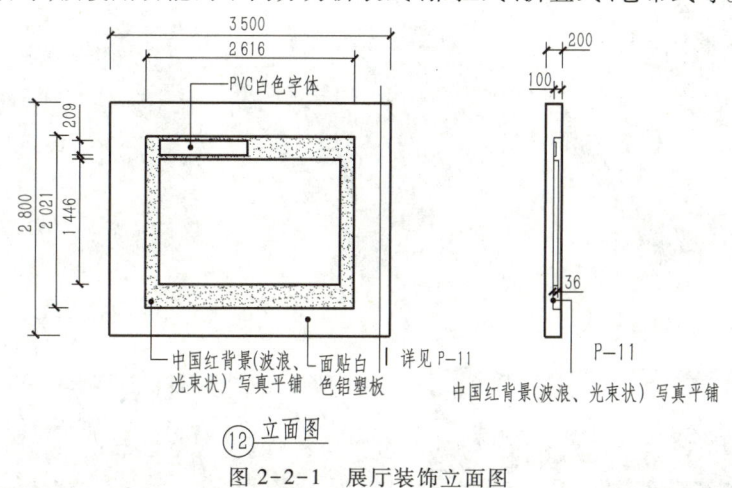

图 2-2-1 展厅装饰立面图

1. 硅酸钙板轻钢龙骨隔墙的组成

硅酸钙板轻钢龙骨隔墙属于骨架隔墙,主要由轻钢龙骨和硅酸钙面板两部分组成,如图 2-2-2 所示。骨架隔墙是机械化施工程度较高的一种干作业墙体,具有施工速度快、成本低、劳动强度小、装饰美观及防火、隔声性能好等特点,因此是目前应用较为广泛的一种隔墙。

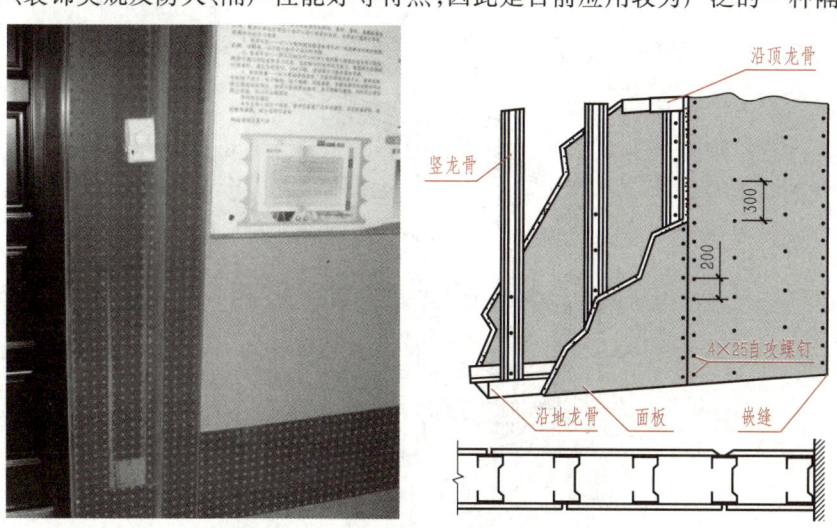

图 2-2-2 硅酸钙板轻钢龙骨隔墙组成

2. 硅酸钙板轻钢龙骨隔墙的构造

1）材料与尺寸

（1）轻钢龙骨（图2-2-3）。

① 龙骨：轻钢龙骨按其截面形式分为 C 形和 U 形；按规格尺寸分为 Q50、Q75、Q100、Q150 四种系列，常见的 Q50 系列可用于层高 3.5 m 以下的隔墙，Q75 系列可用于层高 3.5~6 m 的隔墙，Q100 系列可用于 6 m 以上的隔墙或外墙。各系列都由龙骨主件及配件组成。龙骨按使用功能区分，可分为横向龙骨（包括沿顶龙骨、沿地龙骨、横撑龙骨等）、竖向龙骨、加强龙骨和贯通龙骨（墙体龙骨构架采用贯通系列的龙骨产品）等。

② 配件：支撑卡、卡托、角托、护角条、压缝条等。

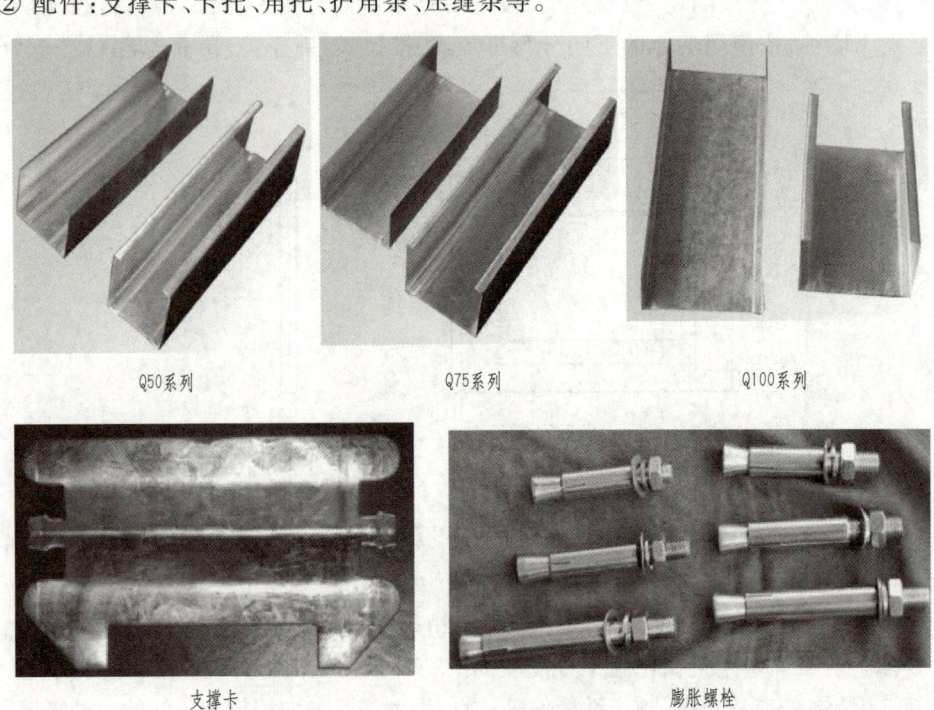

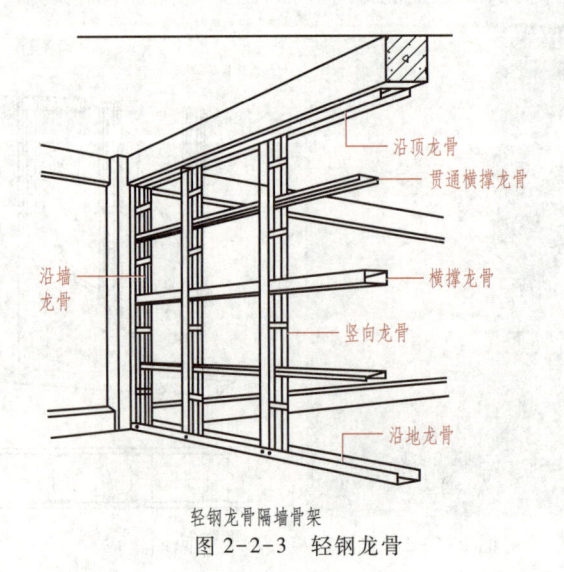

图 2-2-3 轻钢龙骨

③ 紧固材料：膨胀螺栓、射钉、水泥钉等是连接龙骨与地面、楼面、梁、柱、墙面的紧固件，自攻螺钉用于板材与龙骨之间的固定。

（2）硅酸钙板（图2-2-4）。

硅酸钙板是以优质高强度等级水泥为基体材料，配以天然纤维增强，经先进生产工艺成形、加压、高温蒸养等特殊技术处理而制成的具有优良性能的新型建筑和工业用板材。其特点是防火、防潮、耐候、隔声、强度高、易加工、施工方便、不易变形等。它是吊顶、隔墙的理想装饰板材，其规格主要有2 400 mm×1 200 mm和2 440 mm×1 220 mm两种，厚度为7~25 mm。

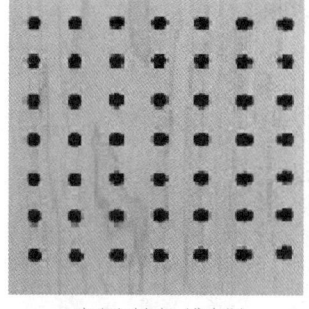

穿孔硅酸钙板（仿木纹）　　穿孔硅酸钙板（天花板）　　普通硅酸钙板

图2-2-4　硅酸钙板

2）硅酸钙板轻钢龙骨隔墙连接构造

（1）隔墙安装流程。

弹线、分档→安装沿地、沿顶、沿墙、沿柱龙骨→安装竖向龙骨→安装贯通龙骨→安装硅酸钙板→处理钉孔→处理接缝，如图2-2-5所示。

(a) 在地面弹出龙骨外包定位线　(b) 在天花板相应位置弹出龙骨外包定位线　(c) 用紧固件将沿地、沿顶横龙骨固定（间距600 mm）　(d) 固定端沿墙(柱)龙骨（间距600 mm）

(e) 固定竖向龙骨　(f) 固定贯通龙骨　(g) 固定一侧面板　(h) 视需要放置岩棉等，另一侧错缝固定面板

图2-2-5　硅酸钙板轻钢龙骨隔墙安装过程

(2) 沿地、沿顶、沿墙、沿柱龙骨的安装。

沿地、沿顶龙骨与建筑地、顶连接及沿墙、沿柱龙骨与墙、柱连接,可用射钉或膨胀螺栓固定,间距应不大于 600 mm,龙骨对接应保持平直;支撑卡应安装在竖向龙骨的开口上,卡距为 400~600 mm,距龙骨两端的距离为 20~25 mm。沿地(顶)龙骨及沿墙(柱)龙骨的连接构造如图 2-2-6 所示。

图 2-2-6　沿地(顶)龙骨及沿墙(柱)龙骨的连接构造

(3) 竖向龙骨的安装。

竖向龙骨安装应由隔墙的一端开始,有门窗时从门窗洞口开始分别向两侧展开。龙骨间距应按设计要求布置。设计无要求时,其间距可按板宽确定,如板宽为 900 mm、1 200 mm 时,其间距分别为 435 mm、603 mm。竖向龙骨与沿地、沿顶龙骨的连接可采用自攻螺钉或抽芯铆钉,并用支撑卡锁紧竖向龙骨和横向龙骨的相交部位,如图 2-2-7 所示。

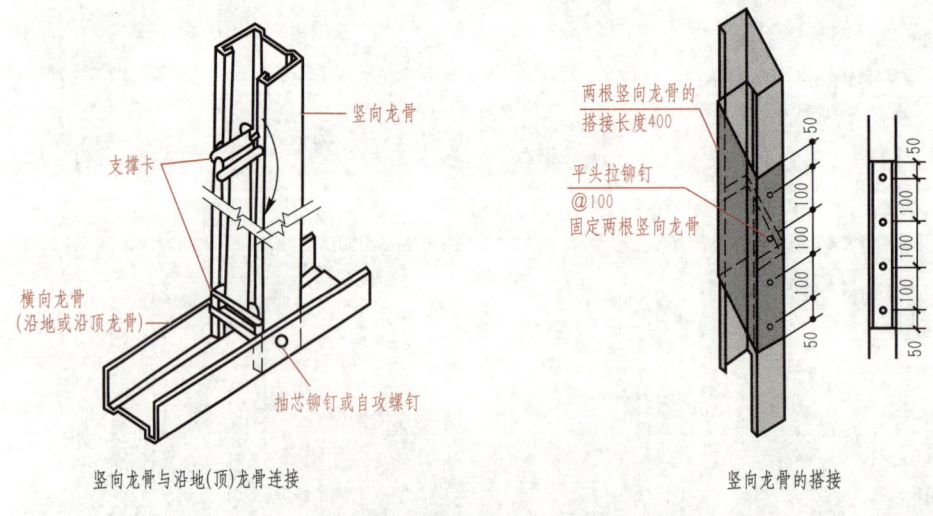

图 2-2-7　竖向龙骨连接构造

(4)贯通龙骨的安装。

选用贯通系列龙骨时,低于 3 m 的隔断安装一道;3~5 m 隔断安装两道;5 m 以上安装三道。将贯通龙骨从各条竖向龙骨的贯通孔中水平穿过,在竖向龙骨的开口面用支撑卡将贯通龙骨和竖向龙骨锁紧,注意应保证贯通龙骨水平、平直,如图 2-2-8 所示。

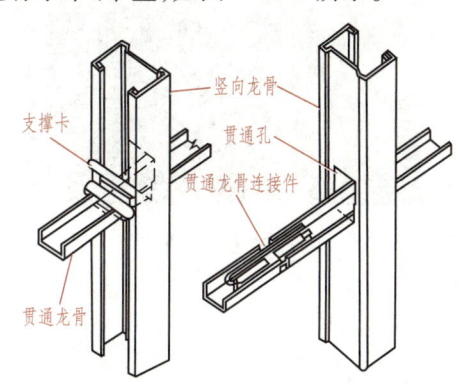

图 2-2-8 贯通龙骨连接构造

(5)安装横撑龙骨及加强龙骨。

隔墙轻钢骨架的横向支撑,除采用贯通龙骨外,有的需设其他横撑龙骨。一般当隔墙骨架超过 3 m 高度,或罩面板的水平方向板端接缝并非落到沿顶、沿地龙骨上时,应增设横向龙骨予以固定板缝,如图 2-2-9 所示。

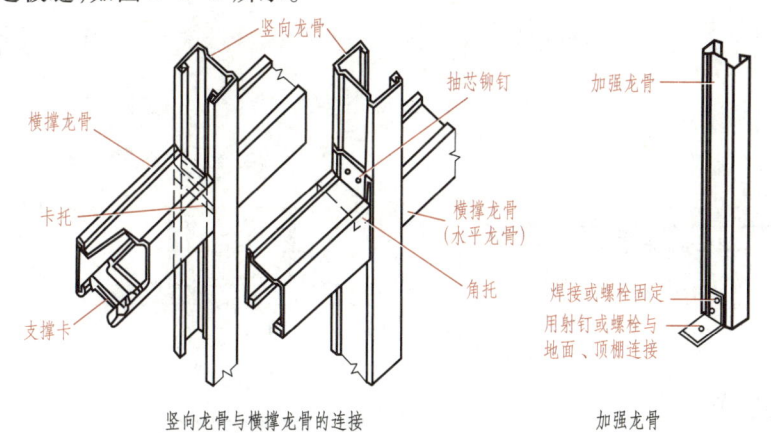

图 2-2-9 横撑龙骨、加强龙骨连接构造

(6)隔墙穿管安装。

安装墙体内的水、电管线和设备时,应避免切断横、竖向龙骨,同时避免沿墙下端设置管线。要求安装牢固,可采取局部加强措施。隔墙穿管构造如图 2-2-10 所示。

(7)转角处龙骨的安装。

隔墙 T 形、L 形、十字形转角处龙骨连接如图 2-2-11 所示。

(8)硅酸钙板安装(图 2-2-12)。

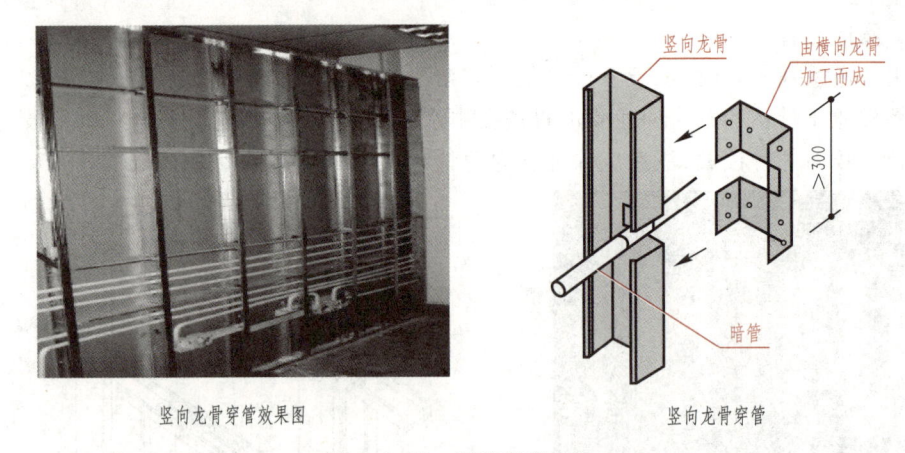

竖向龙骨穿管效果图　　　　竖向龙骨穿管

图 2-2-10　隔墙穿管构造

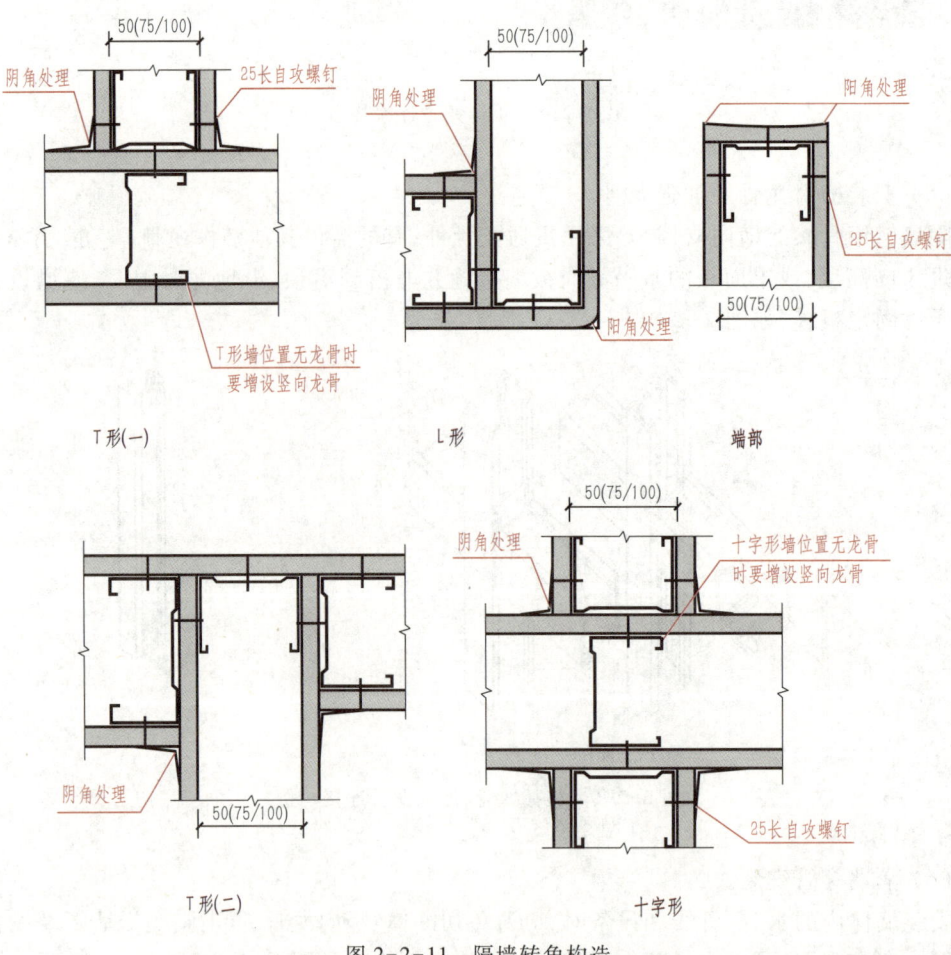

T形(一)　　　　L形　　　　端部

T形(二)　　　　十字形

图 2-2-11　隔墙转角构造

① 硅酸钙板安装时应纵向铺板,尽量减少水平接缝;板边应落在龙骨中央(龙骨间距应与板宽密切配合);当墙高大于板高时,板的纵向拼缝处应加水平龙骨。

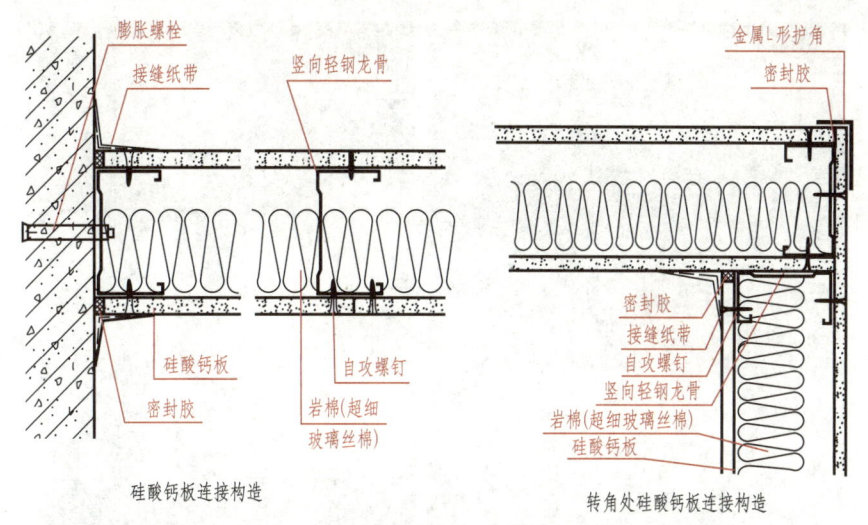

图 2-2-12　硅酸钙板安装细部构造

② 龙骨两侧的硅酸钙板应错缝排列,接缝不得落在同一根龙骨上。

③ 硅酸钙板与龙骨用 4 mm×25 mm 自攻螺钉自中部向板四边固定,板周边螺钉中心间距≤200 mm,板中间螺钉的中心间距≤300 mm。

④ 放墙体内的玻璃棉、矿棉、岩棉等填充材料,与安装另一侧硅酸钙板同时进行,填充材料应铺满铺平。

⑤ 钉孔处理:用刮刀将钉孔周围碎屑刮平,在钉孔处涂抹一层防锈漆,防锈漆干后用密封胶填平。

⑥ 接缝处理:先用填缝剂,再刷胶将接缝纸带贴在板缝处,用抹刀刮平压实,待其凝固后用密封胶将接缝覆盖,并用砂纸轻轻打磨使墙板平整一致。

二、展厅柱面装饰构造

该展厅柱子的装饰有两种做法,即铝塑板饰面和亚克力板饰面,如图 2-2-13、图 2-2-14 所示。

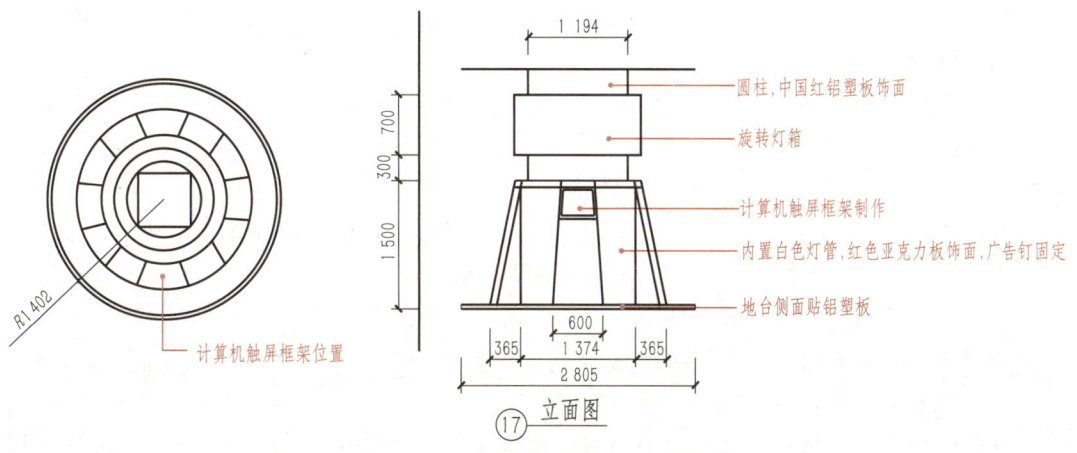

图 2-2-13　展厅圆柱装饰立面图

图 2-2-14 展厅圆柱和方柱装饰效果图

1. 铝塑板柱面装饰构造

1）铝塑板柱面构造组成

铝塑板墙柱面主要由铝塑复合板（简称铝塑板）面板和骨架组成，骨架固定在墙柱基面上，饰面板经折弯等造型加工后由金属连接件固定在骨架上；饰面板也可以通过胶黏剂直接黏结在衬板上，衬板通过钉固连接骨架，骨架通过膨胀螺栓连接在墙柱基面上。

该柱面铝塑板装饰采用胶结式固定。其构造层次包括内部骨架（木骨架或金属骨架）、装饰基层板、铝塑板饰面。木骨架用圆钉固定于柱内防腐木砖上，也可用钢钉将木骨架直接固定于柱体基层上，金属骨架可由金属膨胀螺栓固定于柱体基层上；基层板一般选用胶合板、细木工板、中密度板、纸面石膏板等，用气动直钉或气动码钉将其固定于木骨架上，或者用自攻螺钉固定于钢制骨架上；最后用铝塑板胶将面板直接粘贴在基层板上，并进行嵌缝处理。

2）材料和尺寸

铝塑板由多层材料复合而成，上、下层为高纯度铝合金板，中间为无毒低密度聚乙烯芯板，其正面还粘贴一层保护膜。与其他装饰材料相比，铝塑板具有质轻、刚性好、易加工、耐候性强、装饰效果好等特点。铝塑板如图 2-2-15 所示。

普通铝塑板常见规格有厚度：3 mm、4 mm、6 mm；宽度：1 220 mm、1 500 mm；长度：1 000 mm、2 440 mm、3 000 mm、4 000 mm、6 000 mm。

3）胶结式固定铝塑板装饰构造

胶结式固定铝塑板有两种方法，如图 2-2-16 所示。

（1）胶黏剂直接粘贴法。

在铝塑板背面及衬板面层上分别均匀涂布橡胶类强力胶黏剂，待 5~10 min 后胶不黏手时，将铝塑板对准位置，先将板的一边贴紧，向另一边用手拍实（拍压时勿用硬物敲击），与

涂层装饰铝塑板　　　　　　　　　　贴膜装饰铝塑板

图 2-2-15　铝塑板

胶黏剂直接粘贴法　　　　　　　发泡双面胶带辅助粘贴法

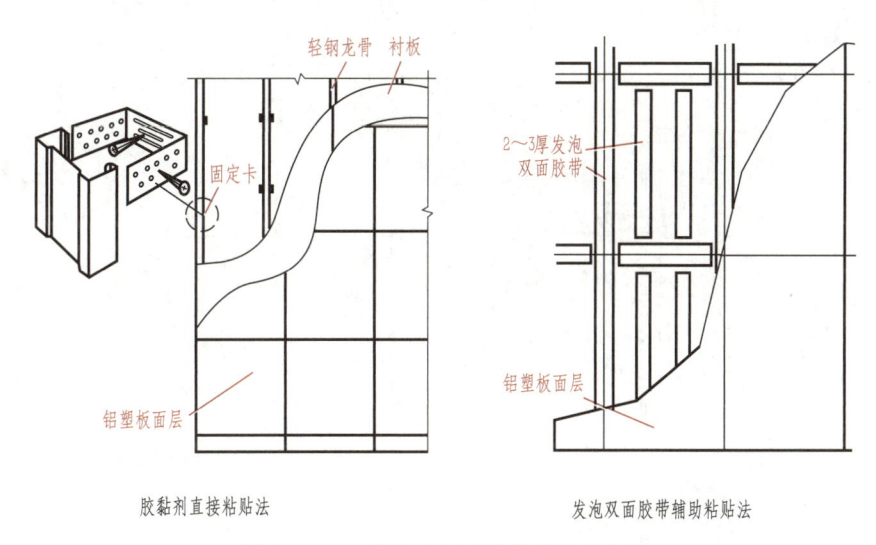

图 2-2-16　胶结式固定铝塑板装饰构造

衬板粘牢,注意不要让胶层之间进空气。注密封胶时先在板的接缝两侧分别贴压敏胶条,然后在接缝处注密封胶,待胶干后再揭去两边的压敏胶条。

（2）发泡双面胶带辅助粘贴法。

根据墙面弹线,将双面胶带按田字形粘贴于底板上,当底板规格尺寸较大时,胶带布置适当加密,在胶带之间点涂玻璃胶,板材上墙就位时,其四个边均应落在双面胶带上,以确保粘贴牢固、平整。

（3）常见铝塑板饰面板缝及收口构造。

常见铝塑板饰面板缝及收口构造如图 2-2-17 所示。

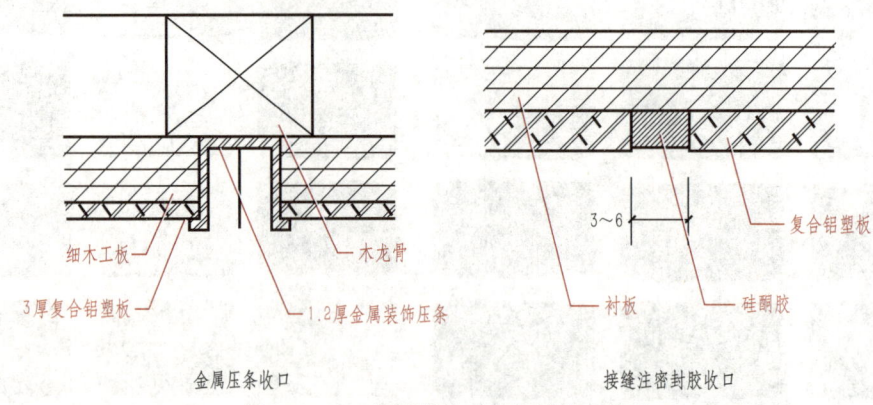

金属压条收口　　　　　接缝注密封胶收口

图 2-2-17　铝塑板饰面板缝及收口构造

2. 亚克力板柱面装饰构造

1）材料和尺寸

亚克力板是经特殊处理的有机玻璃,具有较好的透明性、化学稳定性和耐候性,易染色、易加工、外观优美,在建筑业中有着广泛的应用。其规格主要有 1.22 m×2.44 m、1.22 m×1.83 m、1.25 m×2.5 m、2 m×3 m,厚度为 1~50 mm。

2）安装构造

亚克力板在墙柱面上一般采用广告钉固定,如图 2-2-18 所示。

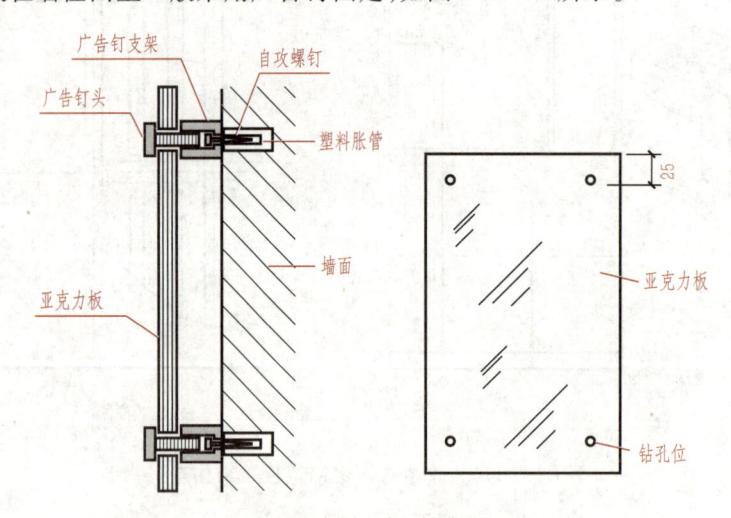

用广告钉固定亚克力板

图 2-2-18　亚克力板装饰构造

【练一练】

1. 说出隔墙的作用、要求和类型。
2. 说出轻钢龙骨硅酸钙板隔墙的构造做法。
3. 绘制轻钢龙骨隔墙节点构造详图。

4. 说出铝塑板饰面构造。
5. 识读附录二展厅装饰施工图中的各个立面图。

【任务评价】

评 价 表

序号	评价项目	评价内容	评价标准	配分	得分
1	了解隔墙的作用、要求和类型	说出隔墙的作用、选用要求、常见类型并能结合实际举例	每说出一条得2分,满分为10分	10分	
2	识读	读懂硅酸钙板轻钢龙骨墙面装饰构造。包括骨架和面板	根据详图每说出一处构造做法得2分	20分	
3	绘图1	绘制轻钢龙骨、硅酸钙板安装节点构造详图	绘制规范得5分,绘制内容正确得10分	15分	
4	识图2	说出铝塑板、亚克力板饰面装饰构造	每说出一条得5分,满分为10分	10分	
5	识图3	识读附录二展厅装饰施工图各立面图	每说出一处构造做法得5分,满分为10分	20分	
6	学习总结	说出本节墙体装饰特点及使用情况	每说出一条得5分,满分为10分	10分	
7	知识拓展	查阅规范,学习规范	每读懂一处构造,并完整地说出来得5分	15分	

任务3　展厅地面装饰施工图识读与构造学习

【任务要求】

识读本书附录二展厅装饰施工图中的附图2-6、附图2-7,了解展厅地面铺装图图示内容,掌握图纸中不同地面装饰方式的构造做法,并在理解的基础上绘制常见地面装饰构造详图。

【依据标准】

1. 《房屋建筑室内装饰装修制图标准》(JGJ/T 244—2011)
2. 《内装修　楼(地)面装修》(13J502-3)

【分析与思考】

1. 展厅地面做法常见的有哪些？
2. 地面铺装图在什么情况下可以合并到平面布置图中绘制？图 2-3-1 可以和平面布置图合并绘制吗？

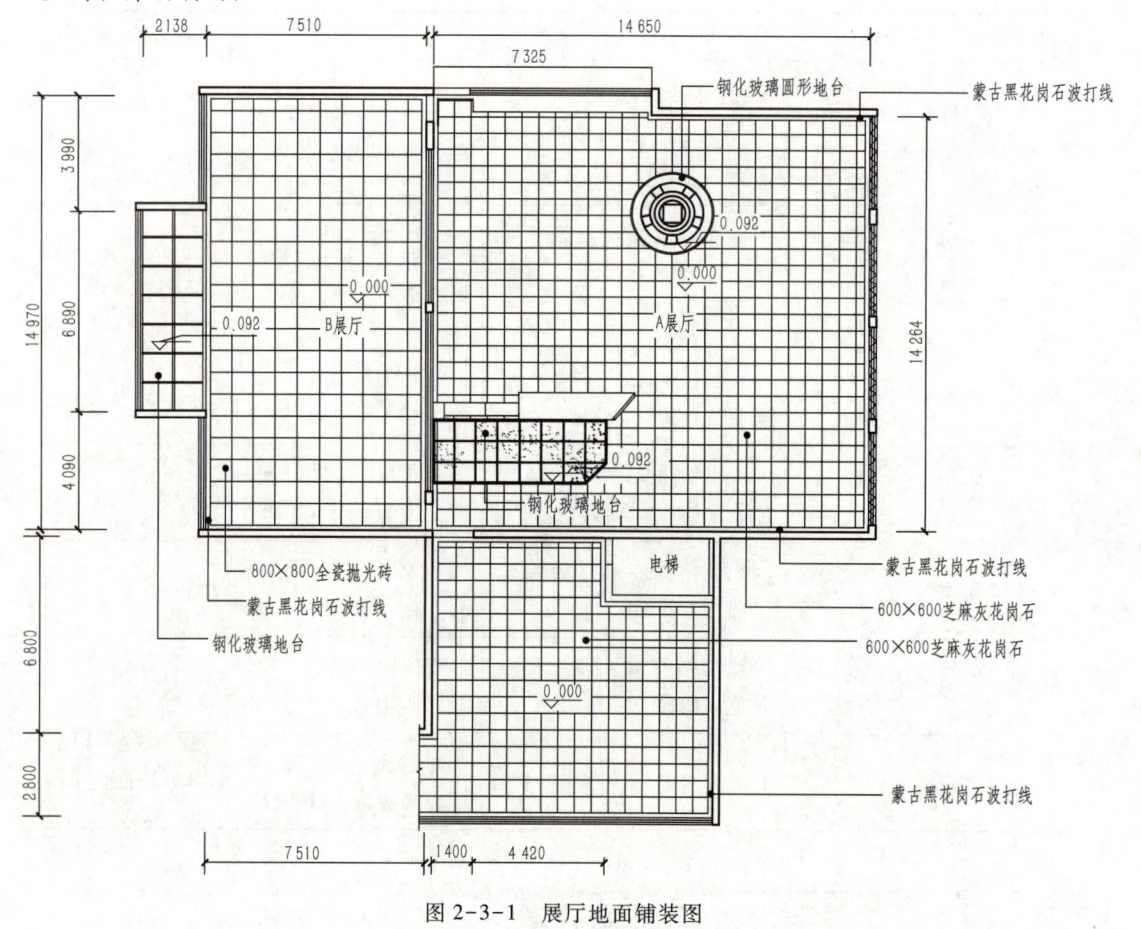

图 2-3-1　展厅地面铺装图

3. 识读地面铺装图，明确不同地面装饰材料的形式、规格、铺装方式、色彩、施工工艺要求等。
4. 识读地面铺装图，注意不同界面高差的变化。
5. 通过识读地面铺装图上的索引符号（或剖切符号），明确剖切位置及剖切后的投射方向，进一步查阅装饰详图。

【相关知识】

前面已经讲过住宅室内装饰中地面铺装图的表示内容及要求，这一节介绍展厅的地面铺装图。展厅空间开敞，面积较大，属于展示空间，地面铺装材料的选择要求和住宅室内地面铺装材料略有不同。展厅属于公共活动的空间，区别于住宅室内空间的私密性要求，展厅地面铺装主要满足展示的需求。

由图 2-3-1 可以看到，A 展厅地面铺装的是花岗石，规格为 600 mm×600 mm，颜色是芝麻灰。另外，为了展示需要，局部做了两个玻璃地台，一个是矩形的，设置在 A 展厅入口处，与荣誉墙呼应；另一个是圆形的，围绕圆柱而做，上面摆放电子展示设备。

一、A 展厅地面装饰构造

图 2-3-2 为 A 展厅地面装饰施工图，地面铺设 600 mm×600 mm 芝麻灰花岗石，属于石材地面。

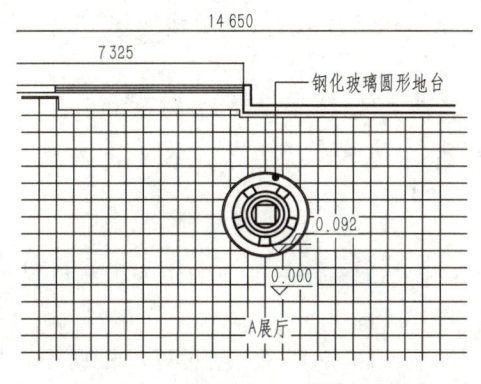

图 2-3-2　A 展厅地面装饰施工图

1. 石材地面的组成

石材地面主要由石材面层、黏结层、水泥砂浆结合层、水泥浆层等组成，如图 2-3-3 所示。

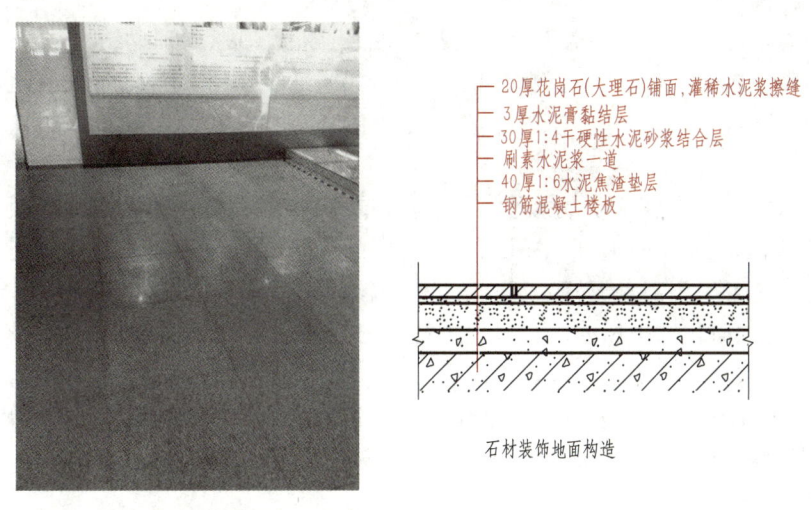

展厅地面铺贴效果图

石材装饰地面构造

— 20厚花岗石(大理石)铺面，灌稀水泥浆擦缝
— 3厚水泥膏黏结层
— 30厚1:4干硬性水泥砂浆结合层
— 刷素水泥浆一道
— 40厚1:6水泥焦渣垫层
— 钢筋混凝土楼板

图 2-3-3　石材地面

2. 石材地面的构造

1）石材地面的材料与尺寸

建筑装饰石材是指建筑装饰工程中使用的石材，包括天然石材和人造石材两大类。用

于装饰工程中的天然石材有天然大理石、天然花岗石、天然洞石、青石、砂岩、火山石等,装饰工程中使用的人造石材主要有水磨石板材、人造大理石板材、人造花岗石板材、微晶石板材等。

(1) 天然石材。

天然石材指从天然岩体中开采,并加工成块或板状材料的总称。工程上一般选用300 mm×300 mm、600 mm×600 mm 或以上的规格,常用的工程板的厚度为 20 mm。

在民用建筑工程中,使用的天然石材主要是花岗石和大理石两大类。天然大理石质感柔和、美丽庄重、花色繁多,化学稳定性较差,抗压强度较高、质地紧密但硬度不大、不耐酸碱,不宜用于室外,属于中硬石材。

天然花岗石结构致密、质地坚硬、抗压强度大、孔隙率小、吸水率低、导热快、耐磨性好、耐久性高、抗冻、耐酸、耐腐蚀、不易风化、使用寿命长,但自重大、质脆、耐火性差。天然花岗石室内外都可使用,属于硬石材。

(2) 人造石材。

人造石材是以石碴为骨料,添加黏结料制成的块或板状材料的总称。人造石材是一种应用比较广泛的室内地面装饰材料。

人造石材的性能特点有:装饰图案、花纹、色彩可以根据需要加工,也可以模仿天然石材;抗污力、耐久性及可加工性均优于天然石材;重量轻、强度高、耐腐蚀、耐污染、施工方便。

人造大理石、人造花岗石是以石粉及粒径 3 mm 左右的石碴为主要骨料,以树脂或水泥为胶黏剂,经搅拌、注入钢模、真空振捣、压实成形,再锯开磨光,切割成材。

微晶石又称微晶玻璃复合板,是用天然材料制成的一种人造建筑装饰材料。

2) 连接构造

(1) 刷素水泥浆　在基层表面刷一道素水泥浆,随铺随刷,保证黏结力。

(2) 铺砂浆垫层　拉十字控制线,铺设干硬性水泥砂浆(以手捏成团、落地即散为宜,水泥∶砂=1∶3 或 1∶4),厚度控制在放上石材高出面层水平线 3~4 mm 为宜,用大杠刮平、找平。

(3) 铺大理石或花岗石石材板块　大理石、花岗石等石材在铺设前,应将板块浸水湿润,待擦干或阴干表面无明水方可铺设,否则会空鼓、起壳。

石材的铺装可采用刮水泥膏法、浇浆法和干撒水泥喷水法。根据房间拉的十字线,纵横各铺一行,作为大面积铺砌标筋用。根据试拼时的编号、图案及缝隙,从十字线交点开铺。

(4) 灌缝、擦缝　板块之间缝隙不应大于 2 mm,地面铺砌完毕 24 h 后浇水养护,2 d 之后无空鼓、断裂现象,即进行灌缝。用浆壶将稀水泥浆灌入缝内,并用刮板把流出的水泥浆刮向板缝,同时擦净板面水泥浆,用锯末、纸板覆盖石材面层,养护,7 d 内禁止上人。

3) 注意事项

大理石采用水泥砂浆粘贴施工时,应做防碱背涂处理,否则容易产生泛碱变色现象。

由于花岗石的硬度高,耐磨性好,很适合用于人流量大的地面装饰。但天然花岗石有一定的天然放射性,应按国家标准《建筑材料放射性核素限量》(GB 6566—2010)规定使用。标准根据放射性水平大小,将装饰装修材料划分为 A、B、C 类,A 类装饰装修材料放射性最低,使用最安全,没有限制;B 类装饰装修材料不能用于 Ⅰ 类民用建筑的内饰面;C 类装饰装修材料只能用于建筑物的外饰面及室外其他用途。

二、玻璃地台装饰构造

1. 玻璃地台的组成

玻璃透明的质地深受人们的喜爱。玻璃地台很好地融合了现代元素，逐渐取代了原来的榻榻米地台装修，成为室内装饰的新元素。A 展厅矩形钢化玻璃地台装饰施工图如图 2-3-4 所示。

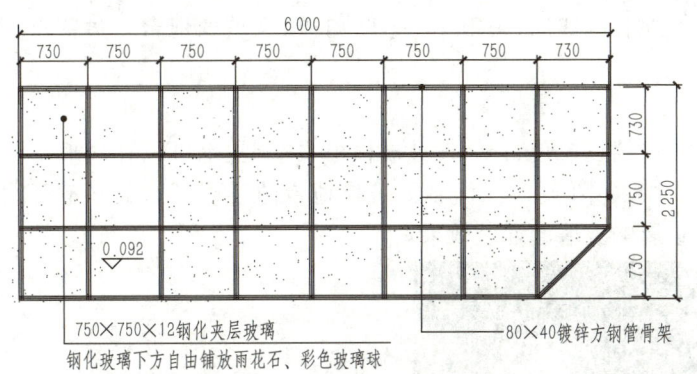

图 2-3-4　A 展厅矩形钢化玻璃地台装饰施工图

2. 玻璃地台的构造

玻璃地台的构造层次主要有龙骨、面层、灯具、石米等。矩形玻璃地台如图 2-3-5 所示。

图 2-3-5　矩形玻璃地台

1）玻璃地台的材料与尺寸

（1）龙骨。

玻璃地台的龙骨一般呈方格状设置，可以采用木结构制作，灯具就可以藏在 T 形槽内；也可以采用不锈钢型钢管、角钢、烤漆铝型材等制作。图 2-3-5 中的展厅矩形玻璃地台龙骨采用的是 40 mm×80 mm 镀锌方钢管，壁厚 2.0 mm。

(2) 面层。

地台盖板就是面层,主要用钢化玻璃制作(最好是钢化夹胶玻璃),厚度一般 10 mm 以上。玻璃可以做成磨砂、烤漆、喷绘等艺术玻璃。图 2-3-5 中的展厅矩形玻璃地台采用的是 12 mm 厚钢化夹层玻璃。图 2-3-6 中的圆形玻璃地台采用的是圆弧形钢化夹层磨砂玻璃。

(3) 灯具。

灯具一般放在龙骨的四周,采用 T4 或 T5 灯管,在玻璃地台一边留出空间,可以方便后期维护。

(4) 石米。

在玻璃下面可以铺设白色石米,设计成枯山水造型;也可以在玻璃下面直接放置卵石、彩色石头等进行点缀,如图 2-3-7 所示。玻璃地台的玻璃下面最好不要做水景或养鱼,因为水汽蒸发会严重影响玻璃的通透效果。

图 2-3-6　展厅圆形玻璃地台　　　　图 2-3-7　玻璃地台休息区

2) 连接构造

(1) 龙骨的连接及固定。

金属龙骨可以采用焊接的方式,焊点部位应进行防锈处理。

(2) 面层的连接及固定。

玻璃面板可以直接固定在龙骨骨架上,或用结构胶进行黏结固定。玻璃面板之间的缝隙填嵌密封胶。

3) 注意事项

玻璃地台设计要十分注意细节。住宅装修中,若家中有老人和儿童,地台设计高度不要超过 120 mm,布局要合理,符合人性化设计,并且使用要方便。例如上地台的空间不能太过狭窄,要做好防滑和地台边缘位置的安全防护等。可在地台的边缘放上绿色植物、栏杆对边缘进行遮挡或做相应的警示提醒标志,防止摔倒。

【练一练】

1. 说出石材地面、钢化玻璃地台的材料组成及施工注意事项。
2. 绘制石材地面的构造做法图。
3. 绘制石材防水地面的构造做法图。
4. 利用课余时间去图书馆查阅国家建筑标准设计图集《内装修 楼(地)面装修》(13J502-3),识读地砖(陶瓷锦砖)楼(地)面、石材防水楼(地)面的构造做法图。
5. 正确识读并绘制公共建筑室内地面铺装图。

【任务评价】

评 价 表

序号	评价项目	评价内容	评价标准	配分	得分
1	了解各种公共建筑室内地面设计的要求、特点	说出各种公共建筑室内地面设计的要求、特点	每说出一条得5分,满分为15分	15分	
2	识读1	读懂石材地面、玻璃地台的构造节点详图	根据详图每说出一处构造做法得2分	20分	
3	识读2	区分石材防水楼面与石材楼面的不同	根据给出的不同图片区分类型	10分	
4	绘图1	绘制展厅地面铺装图	绘制规范得5分,绘制内容正确得10分	15分	
5	绘图2	绘制石材地面的构造详图	绘制规范得5分,绘制内容正确得10分	15分	
6	绘图3	绘制石材防水地面构造详图	绘制规范得5分,绘制内容正确得5分	10分	
7	知识拓展	查阅规范,学习规范	每读懂一处构造,并完整地说出来得5分	15分	

项 目 总 结

1. 铝格栅吊顶的构造层次主要有结构层、吊挂体系、主骨条(起主龙骨的作用)、副骨条(起次龙骨的作用)。主骨条与副骨条都采用铝合金板条。吊挂体系一般采用成品镀锌金属吊杆及弹簧吊扣组成。吊杆有 $\phi 6$ mm 和 $\phi 8$ mm 两种规格,标准长度为 3 m,可根据需要进行切割。$\phi 6$ mm 吊杆主要用于不上人吊顶,$\phi 8$ mm 吊杆主要用于上人吊顶。

2. 铝格栅吊顶灯具及其他设备末端需自行吊挂在结构板及梁顶上,未经设计计算不可直接着力于骨条上。

3. 射灯是一种高度聚光的灯具,主要用于特殊的照明。安装射灯,吊顶板上方空间高度决定了灯孔的深度,施工时注意,灯孔的深度要能放进射灯。灯孔开挖要准确,尺寸或间距等要一致。常见的射灯一般可以分为轨道式、点挂式和内嵌式等多种。

4. 隔墙是分割建筑物内部空间的非承重墙,在构造上要求自重轻、厚度薄、刚度好、拆装方便。隔墙按构造方式不同分为砌块隔墙、骨架隔墙、板材隔墙;按使用材料不同分为木质隔墙、石膏板隔墙、玻璃隔墙、金属隔墙等;按使用功能的不同分为拼装式、推拉式、折叠式、卷帘式等。

5. 硅酸钙板轻钢龙骨隔墙由轻钢龙骨和硅酸钙面板两部分组成。龙骨主要由横向龙骨、竖向龙骨、加强龙骨和贯通龙骨等及相应配件和紧固材料组成。材料的选用应符合相关规定;硅酸钙板除具有石膏板的性能外,还具有强度高、防火、防潮等特点。

6. 硅酸钙板轻钢龙骨隔墙安装流程是弹线、分档→安装沿地、沿顶、沿墙、沿柱龙骨→安装竖向龙骨→安装贯通龙骨→安装硅酸钙板→处理钉孔→处理接缝。

7. 铝塑板墙柱面主要由铝塑复合板(简称铝塑板)面板和骨架组成,骨架固定在墙柱基面上,饰面板经折弯等造型加工后由金属连接件固定在骨架上;饰面板也可以通过胶黏剂直接黏结在衬板上,衬板通过钉固连接骨架,骨架通过膨胀螺栓连接在墙柱基面上。胶结式固定的构造层次包括内部骨架(木骨架或金属骨架)、装饰基层板、铝塑板饰面。板缝及收口可采用金属压条和注密封胶。

8. 亚克力板在墙柱面上一般采用广告钉固定。

9. 建筑装饰石材是指建筑装饰工程中使用的石材,包括天然石材和人造石材两大类。用于装饰工程中的天然石材有天然大理石、天然花岗石、天然洞石、青石、砂岩、火山石等几类;装饰工程中使用的人造石材主要有水磨石板材、人造大理石板材、人造花岗石板材、微晶石板材等几类。

10. 石材地面的构造层次主要有石材面层、黏结层、水泥砂浆结合层、水泥浆层等。

11. 玻璃地台的构造层次主要有龙骨、面层、灯具、石米等。

项目三　餐厅建筑装饰施工图识读与综合实训

【项目介绍】

附录三为餐厅室内装饰施工图,建筑面积约 600 m²,工程总造价 120 万元。该餐厅项目内容包括楼梯间、操作间、一层大厅、二层走廊、二层包间、备餐间、卫生间装饰及水电设备安装等,本套施工图为其中的一层大厅、二层走廊、二层包间、备餐间卫生间装饰部分。

【项目任务】

1. 识读本套装饰施工图。
2. 抄绘大厅及包间的装饰施工图。

【项目目标】

1. 能够熟练识读中小型民用建筑装饰施工图。
2. 能够绘制中小项目的平面布置图、地面铺装图、顶棚镜像平面图、立面图。
3. 能够看懂装饰详图(包括局部详图和节点大样图)。

附录一　住宅室内装饰施工图

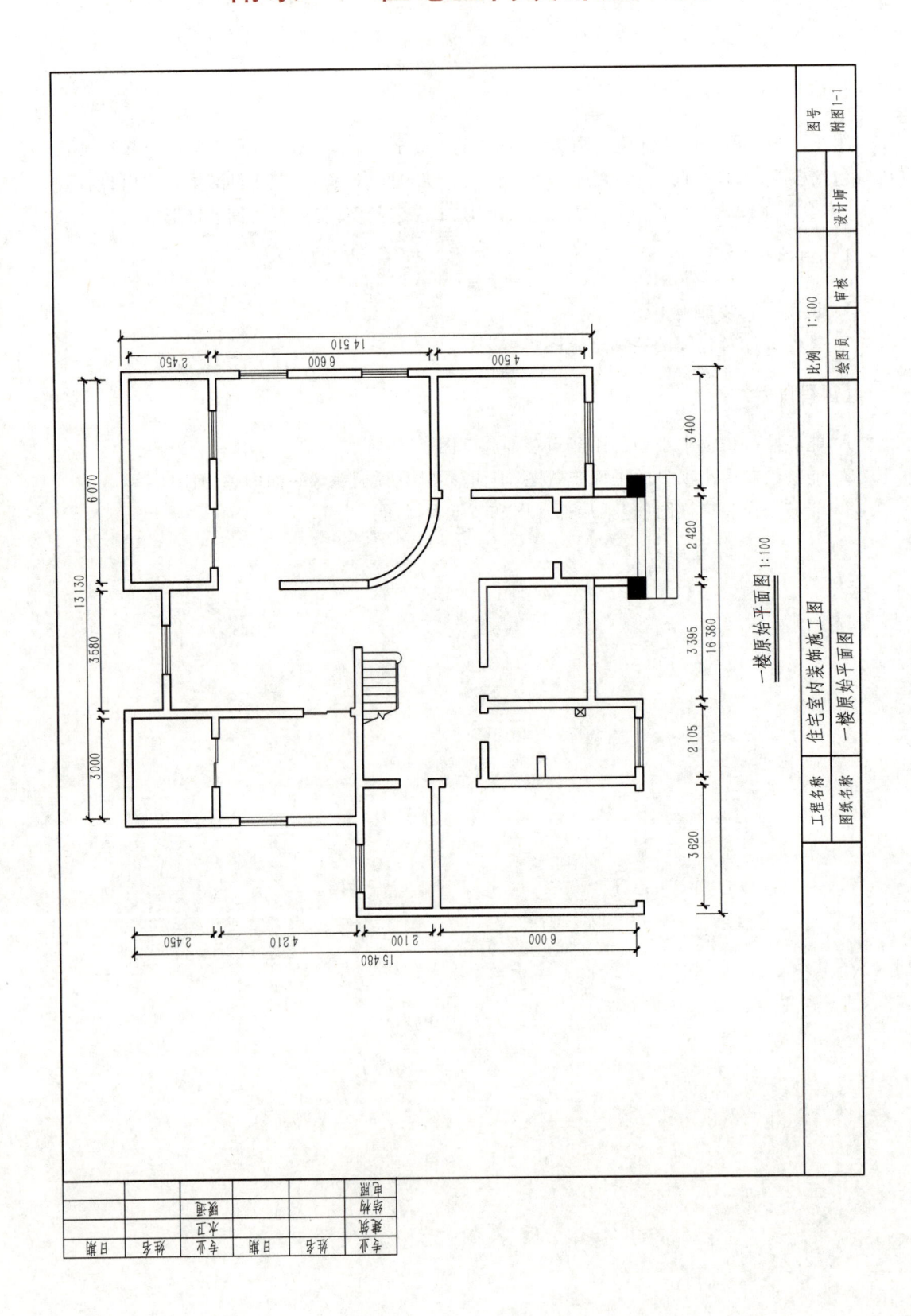

附录一 住宅室内装饰施工图

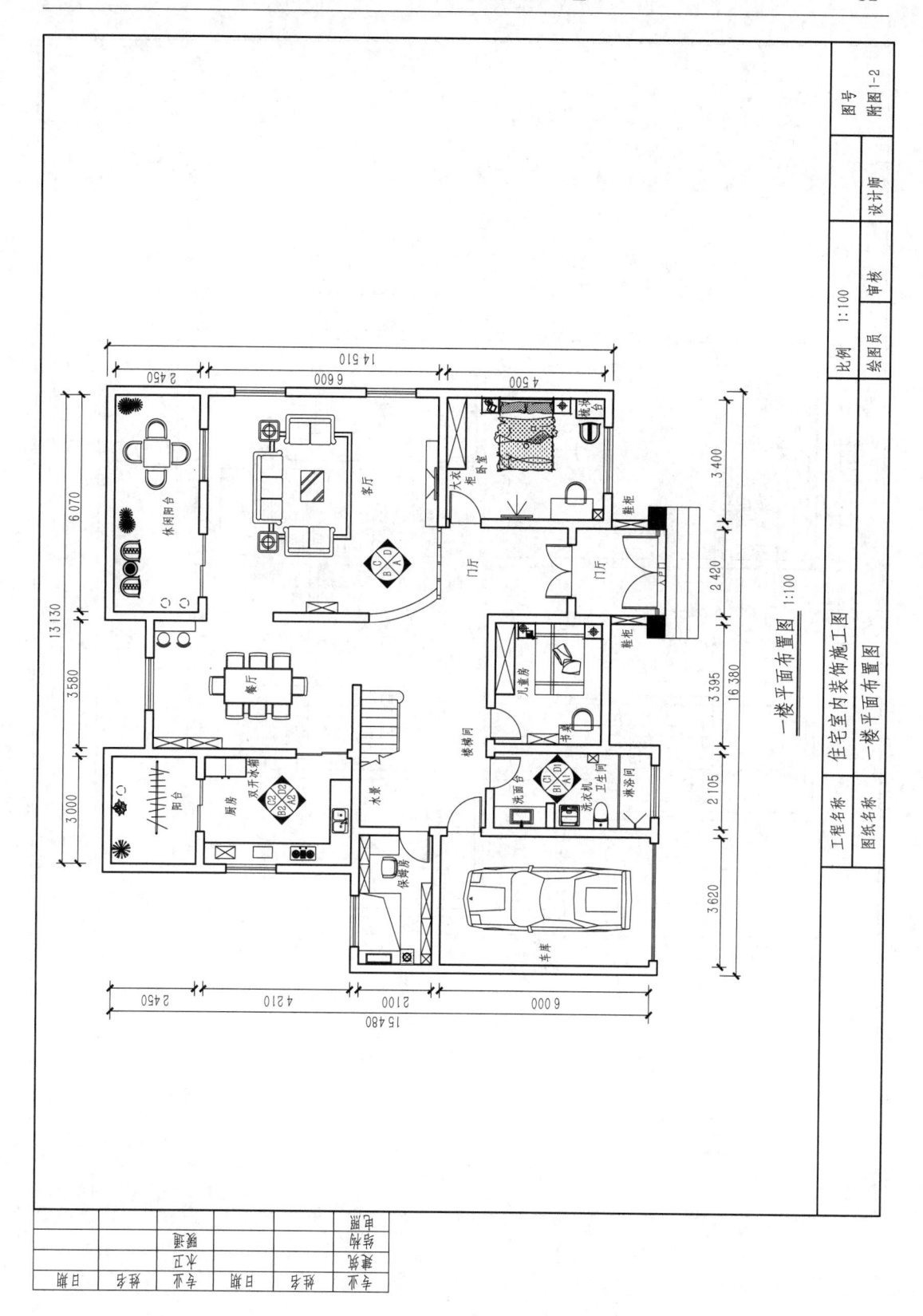

一楼平面布置图 1:100

一楼顶棚镜像平面图 1:100

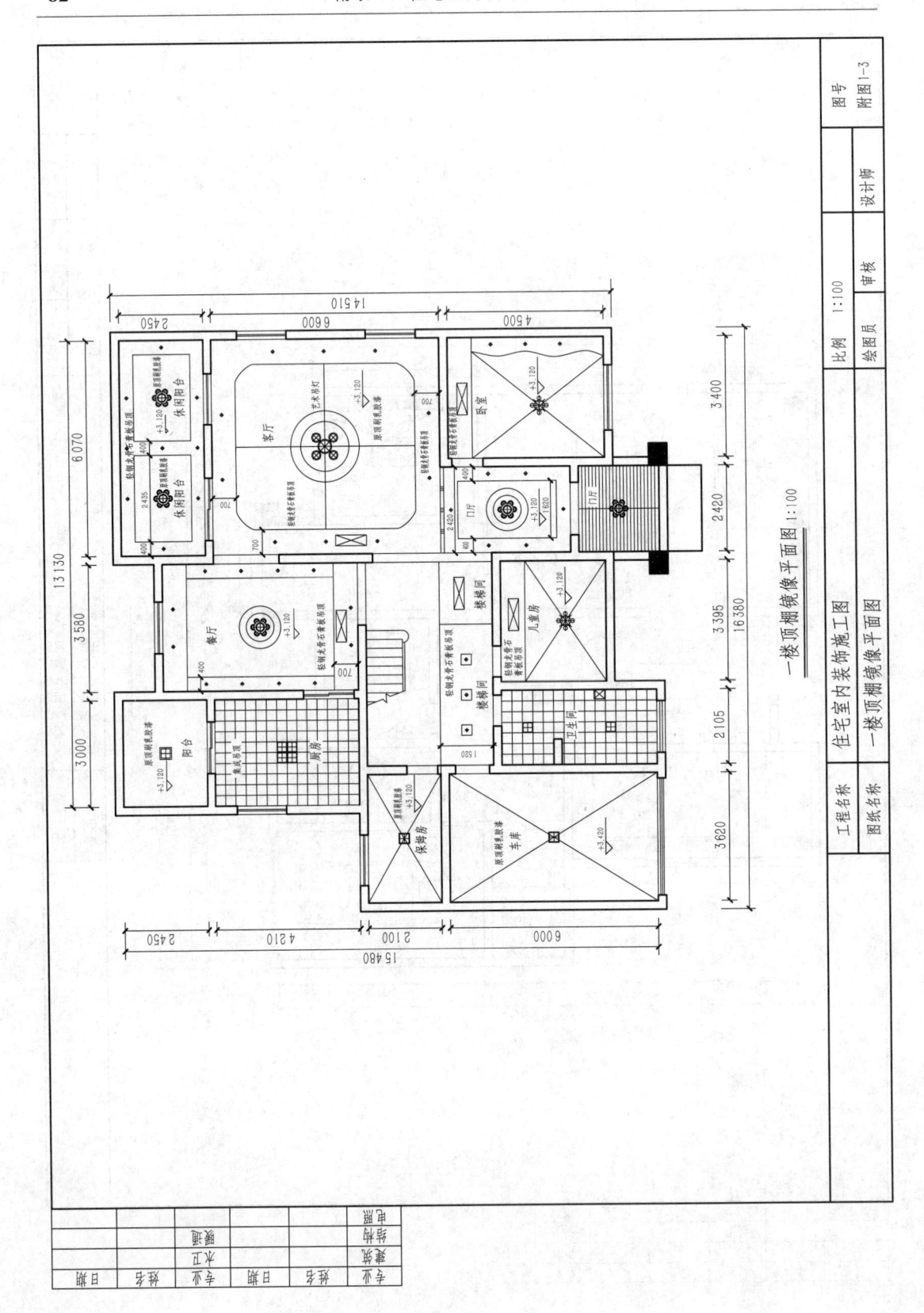

附录一　住宅室内装饰施工图　83

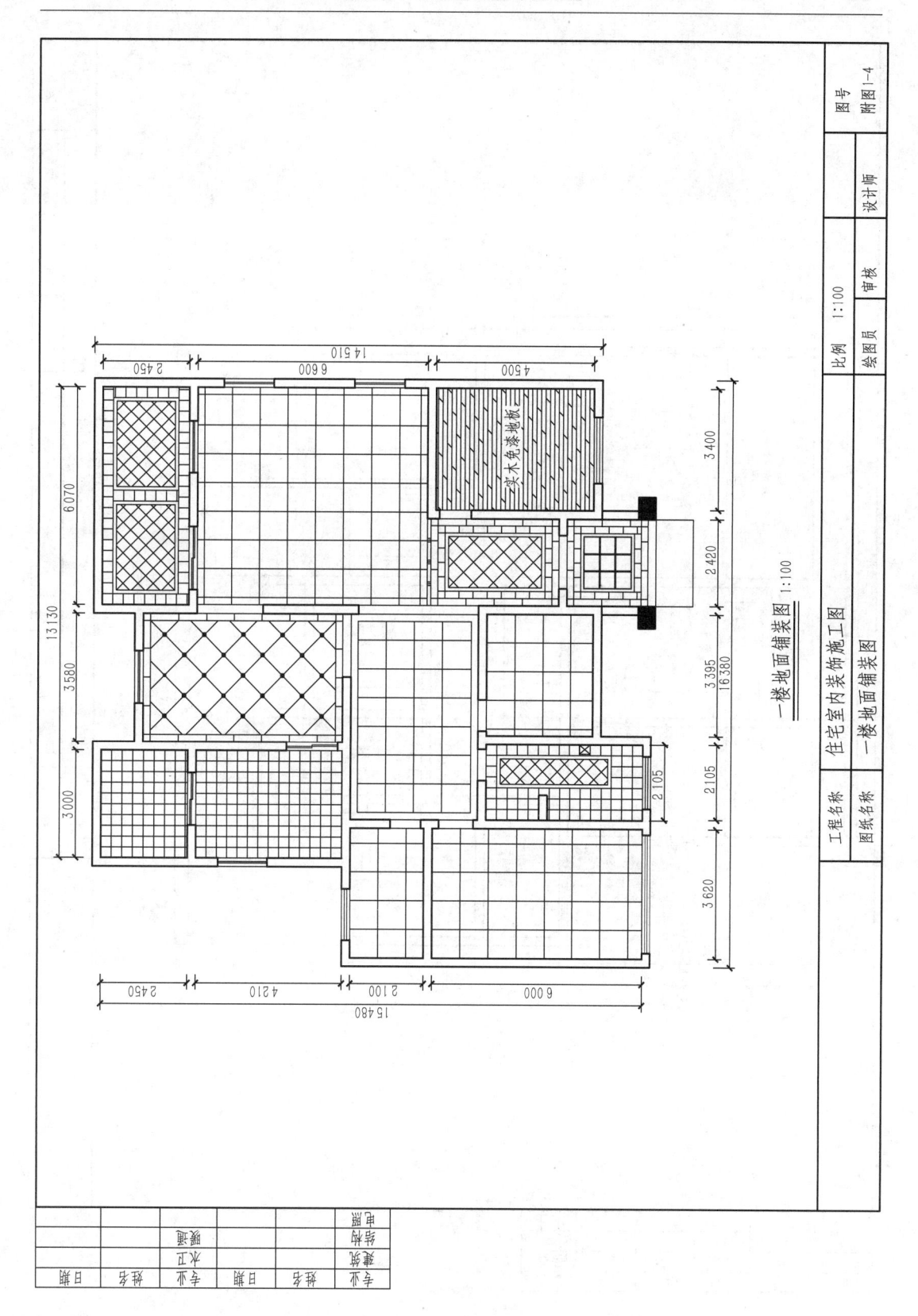

一楼地面铺装图 1:100

附录一　住宅室内装饰施工图

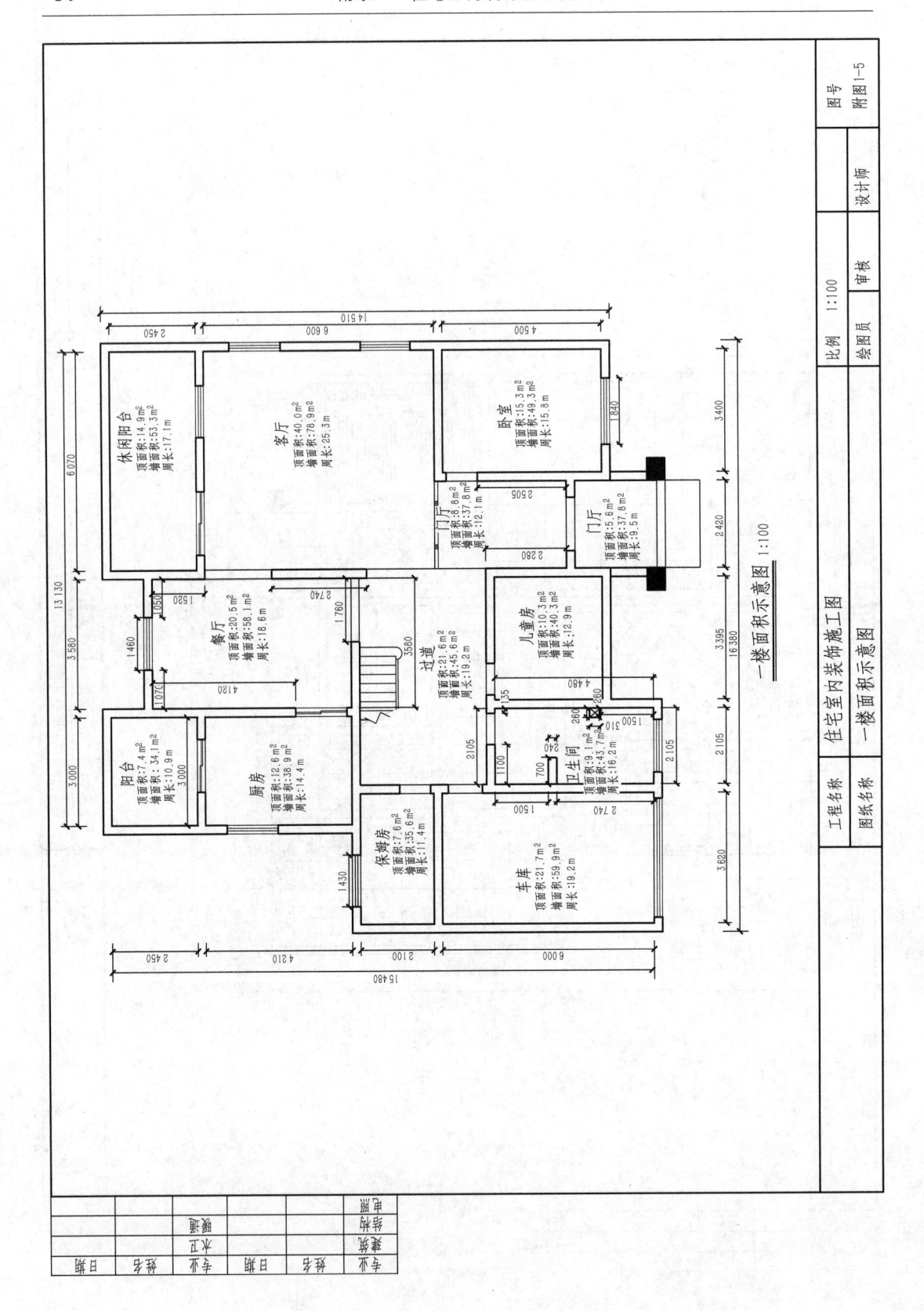

一楼面积示意图 1:100

房间	顶面积	墙面积	周长
休闲阳台	14.9 m²	53.3 m²	17.1 m
客厅	40.0 m²	78.9 m²	25.3 m
卧室	15.3 m²	49.3 m²	15.8 m
门厅	8.8 m²	37.8 m²	12.1 m
门厅	5.6 m²	37.8 m²	9.5 m
餐厅	20.5 m²	58.1 m²	18.6 m
儿童房	10.3 m²	40.3 m²	12.9 m
过道	21.6 m²	45.6 m²	19.2 m
阳台	7.4 m²	34.1 m²	10.9 m
厨房	12.6 m²	38.9 m²	14.4 m
卫生间	9.1 m²	43.7 m²	16.2 m
保姆房	7.6 m²	35.6 m²	11.4 m
车库	21.7 m²	59.9 m²	19.2 m

工程名称：住宅室内装饰施工图
图纸名称：一楼面积示意图
比例：1:100
图号：附图 1-5

附录一　住宅室内装饰施工图

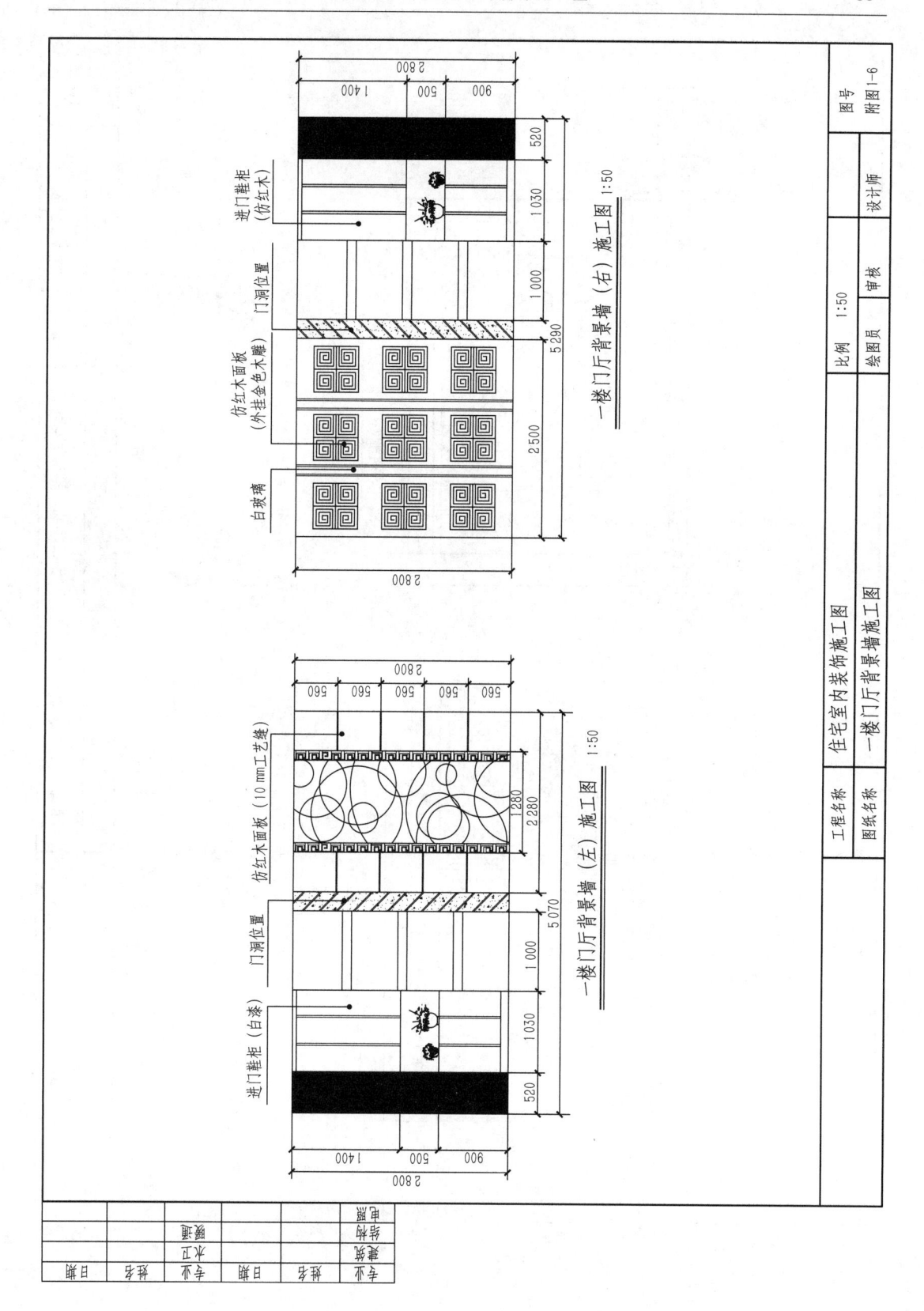

附录一 住宅室内装饰施工图

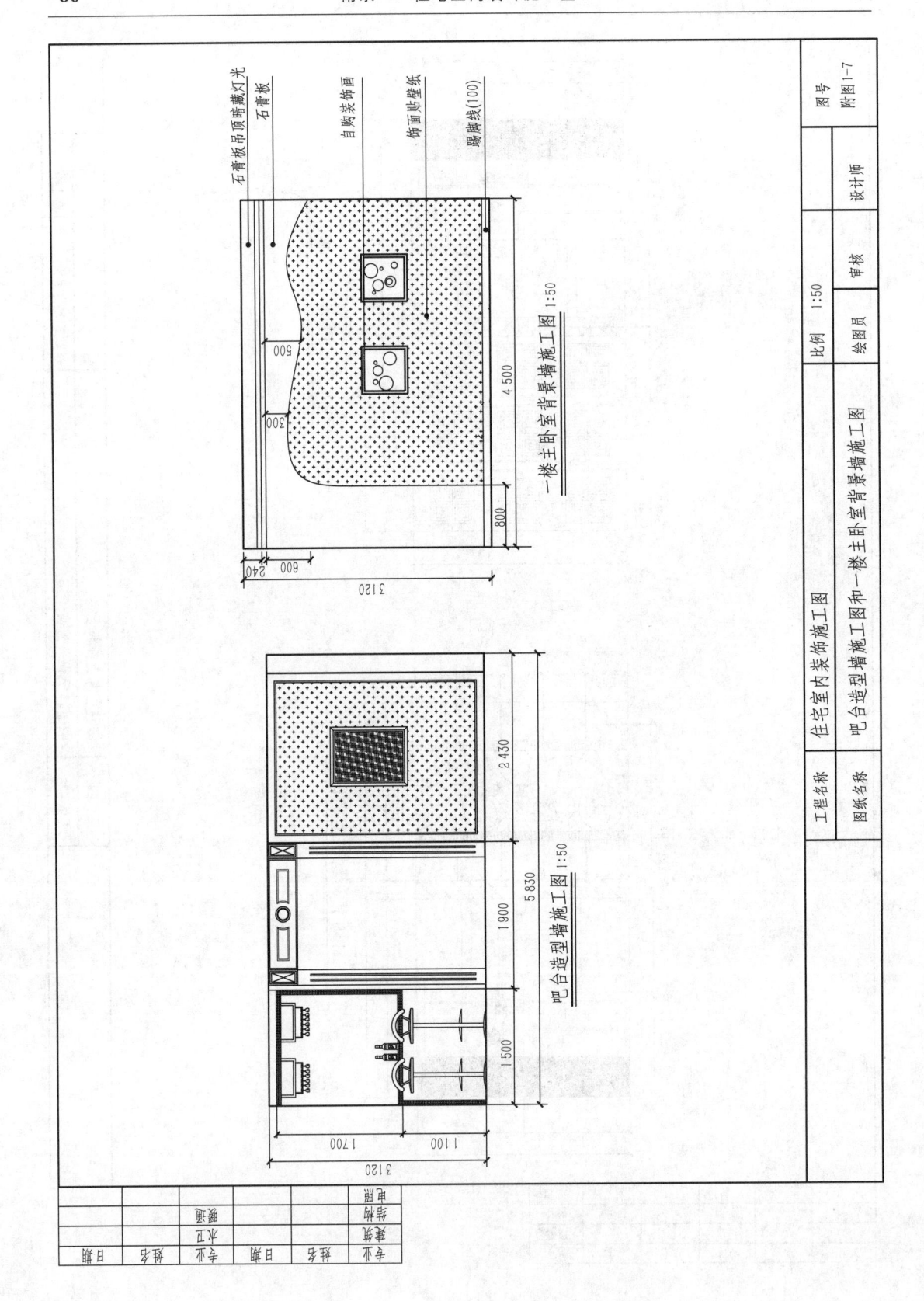

附录一　住宅室内装饰施工图

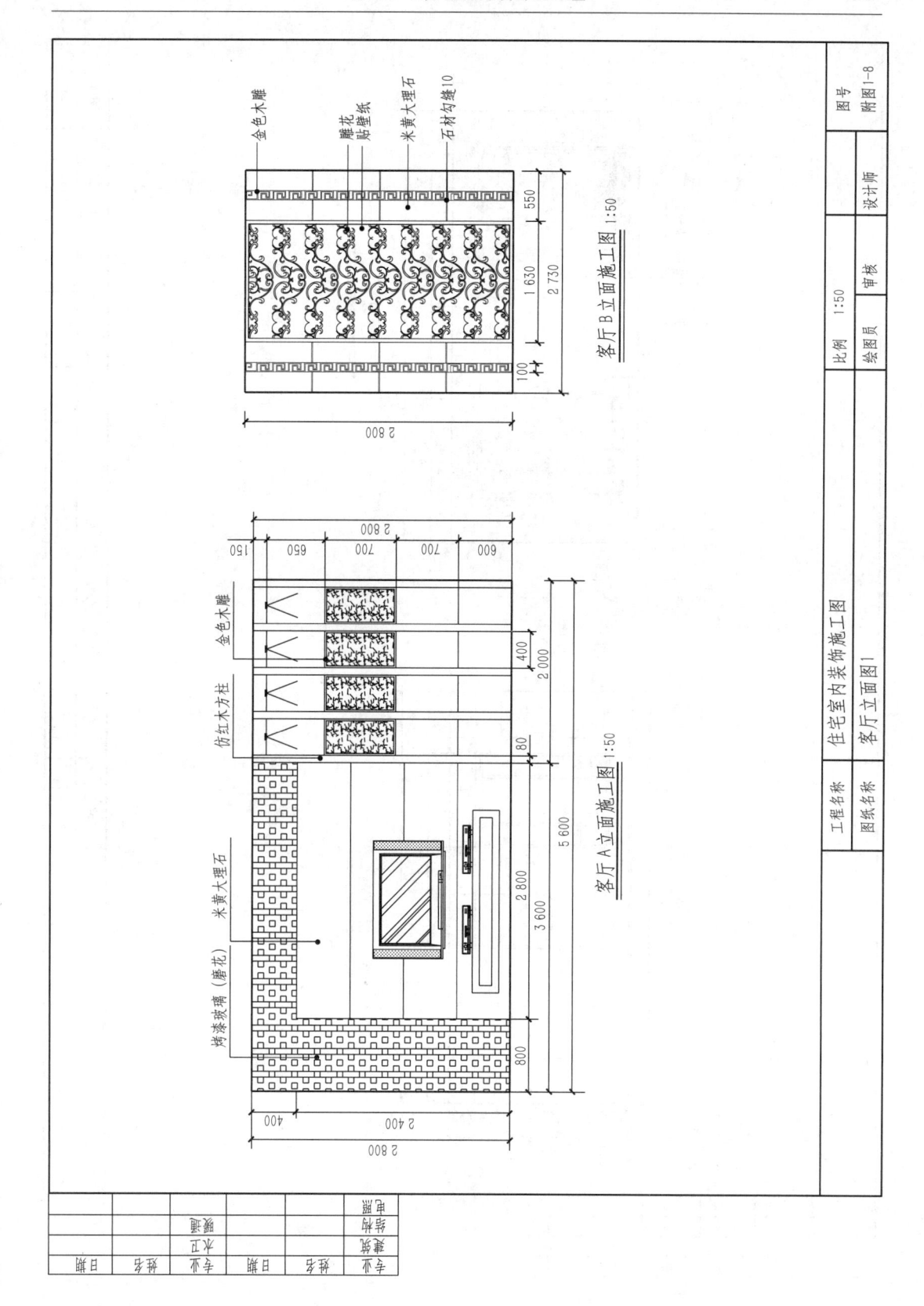

附录一　住宅室内装饰施工图

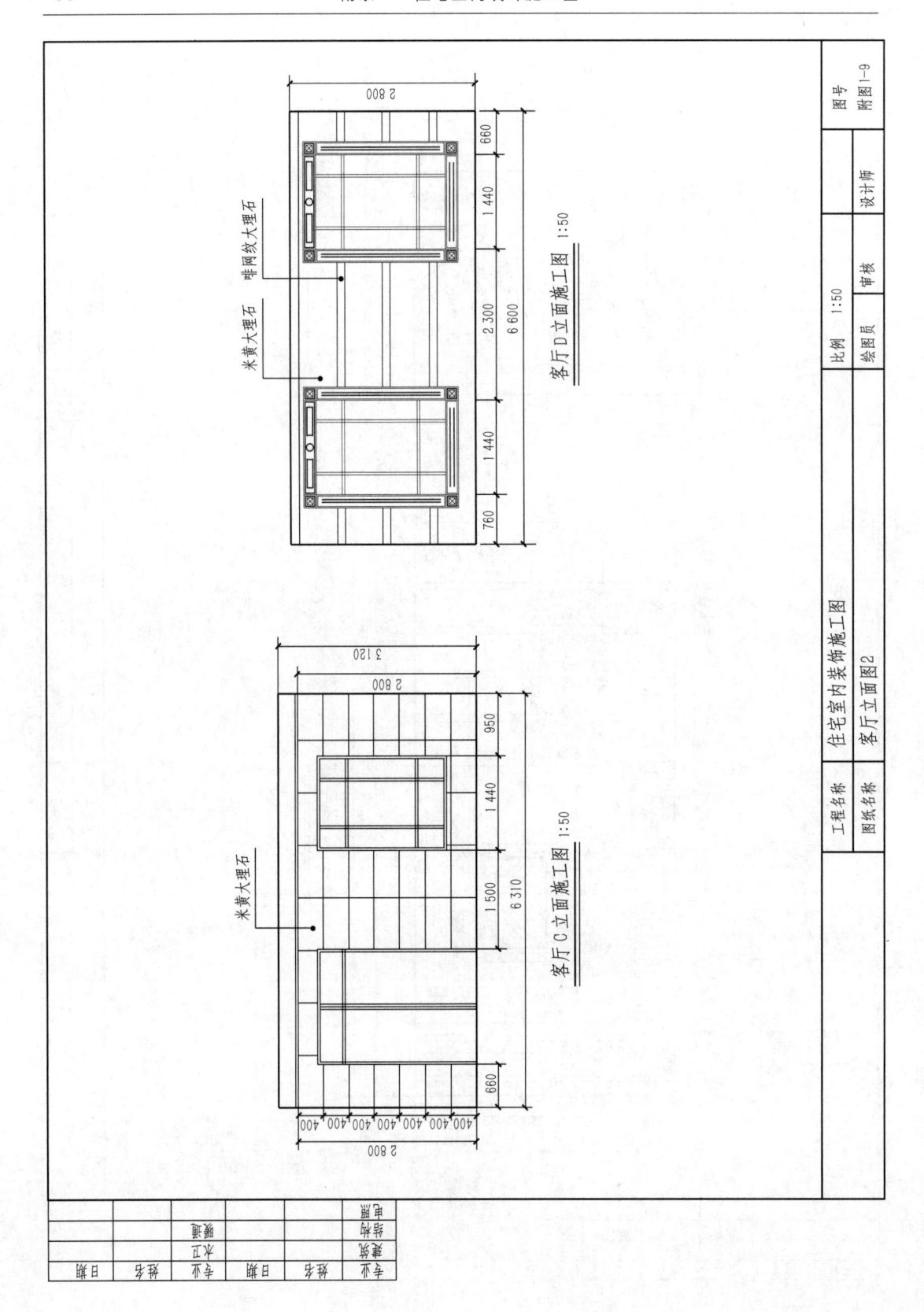

客厅D立面施工图 1:50

客厅C立面施工图 1:50

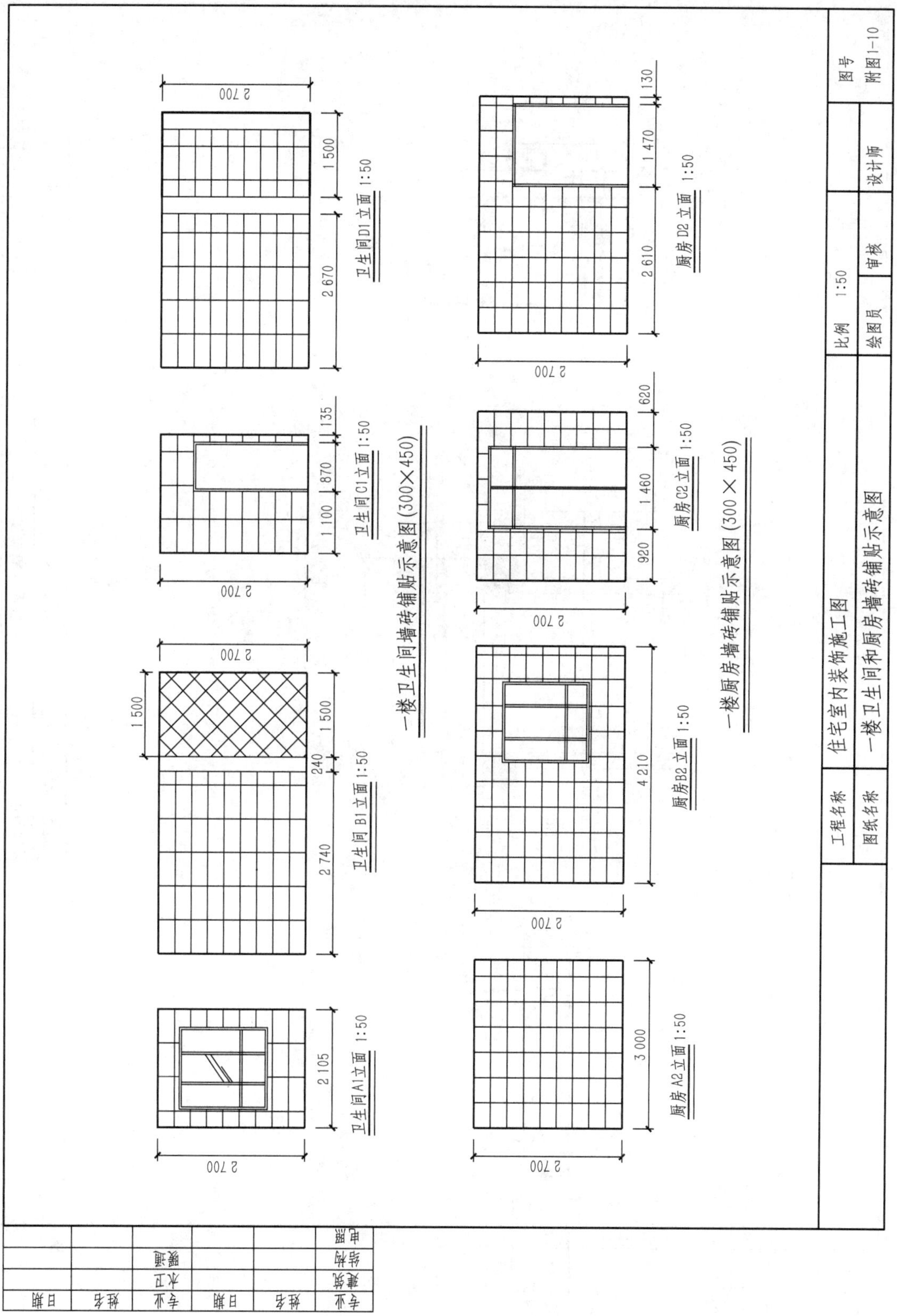
卫生间A1立面 1:50
卫生间B1立面 1:50
卫生间C1立面 1:50
卫生间D1立面 1:50
一楼卫生间墙砖铺贴示意图(300×450)
厨房A2立面 1:50
厨房B2立面 1:50
厨房C2立面 1:50
厨房D2立面 1:50
一楼厨房墙砖铺贴示意图(300×450)
工程名称
住宅室内装饰施工图
图纸名称
一楼卫生间和厨房墙砖铺贴示意图
比例 1:50
绘图员
审核
设计师
图号
附图1-10
专业
姓名
日期
建筑
结构
电照
水卫
暖通

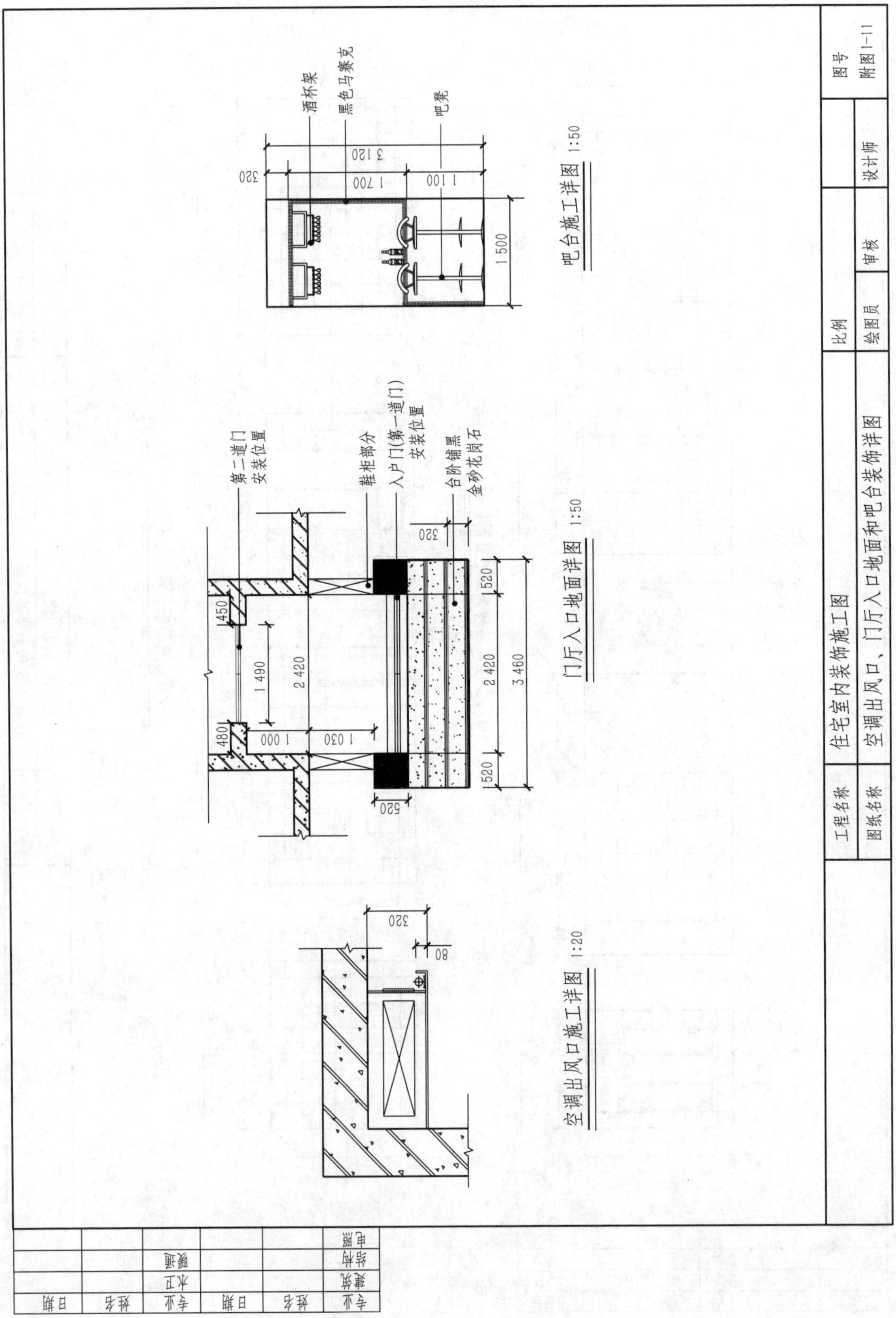

空调出风口施工详图 1:20
320
80
门厅入口地面详图 1:50
第二道门安装位置
鞋柜部分
入户门(第一道门)安装位置
台阶铺黑金砂花岗石
320
450
1 490
2 420
480
1 000
1 030
520
2 420
3 460
520
520
吧台施工详图 1:50
酒杯架
黑色马赛克
吧凳
3 120
320
1 700
1 100
1 500
工程名称
住宅室内装饰施工图
图纸名称
空调出风口、门厅入口地面和吧台装饰详图
比例
绘图员
审核
设计师
图号
附图1-11

附录二　展厅装饰施工图

设计说明

1. 设计依据
1.1 本套图纸为建设单位提供的建筑设计蓝图。
1.2 本套图纸参照以下相关标准及规范。
1.2.1 《建筑装饰装修工程质量验收标准》(GB 50210—2018)
1.2.2 《建筑设计防火规范》(GB 50016—2014)(2018年版)
1.2.3 《建筑内部装修设计防火规范》(GB 50222—2017)
1.2.4 《无障碍设计规范》(GB 50763—2012)
1.2.5 《民用建筑工程室内环境污染控制规范》(GB 50325—2010)(2013年修订版)
《建筑设计防火规范》(GB 50016—2014)(2018年版)
《建筑材料放射性核素限量》(GB 6566—2010)
1.2.6 《室内装饰装修材料 人造板及其制品中甲醛释放限量》(GB 18580—2017)
《室内装饰装修材料 溶剂型木器涂料中有害物质限量》(GB 18581—2009)
《室内装饰装修材料 内墙涂料中有害物质限量》(GB 18582—2008)
《室内装饰装修材料 胶粘剂中有害物质限量》(GB 18583—2008)
《室内装饰装修材料 木家具中有害物质限量》(GB 18584—2001)
《室内装饰装修材料 壁纸中有害物质限量》(GB 18585—2001)
《室内装饰装修材料 聚氯乙烯卷材地板中有害物质限量》(GB 18586—2001)
《室内装饰装修材料 地毯、地毯衬垫及地毯胶粘剂中有害物质释放限量》(GB 18587—2001)
《室内装饰装修材料 水性木器涂料中有害物质限量》(GB 24410—2009)
1.2.7 国家现行有关行业的设计规范、标准及工程建设标准强制性条文。

2. 工程概况
2.1 本工程总建筑面积约363 m²，其中A厅209 m²，B厅127 m²。一期工程以A厅为主。（计算机敷屏等为二期工程。）
2.2 设计内容包括整个展厅内饰及入口处。
2.3 尺寸及标高：一般无专门说明时，尺寸单位为mm，标高单位为m。

工程名称	展厅装饰施工图	比例		图号
图纸名称	设 计 说 明	绘图员	审核	附图2-1
		设计师		

备注：施工人员需严格按照施工图施工，不得擅自改变立面造型。施工图尺寸中与现场不符，需与设计师联系。出现设计变更后按设计施工。

附录二 展厅装饰施工图

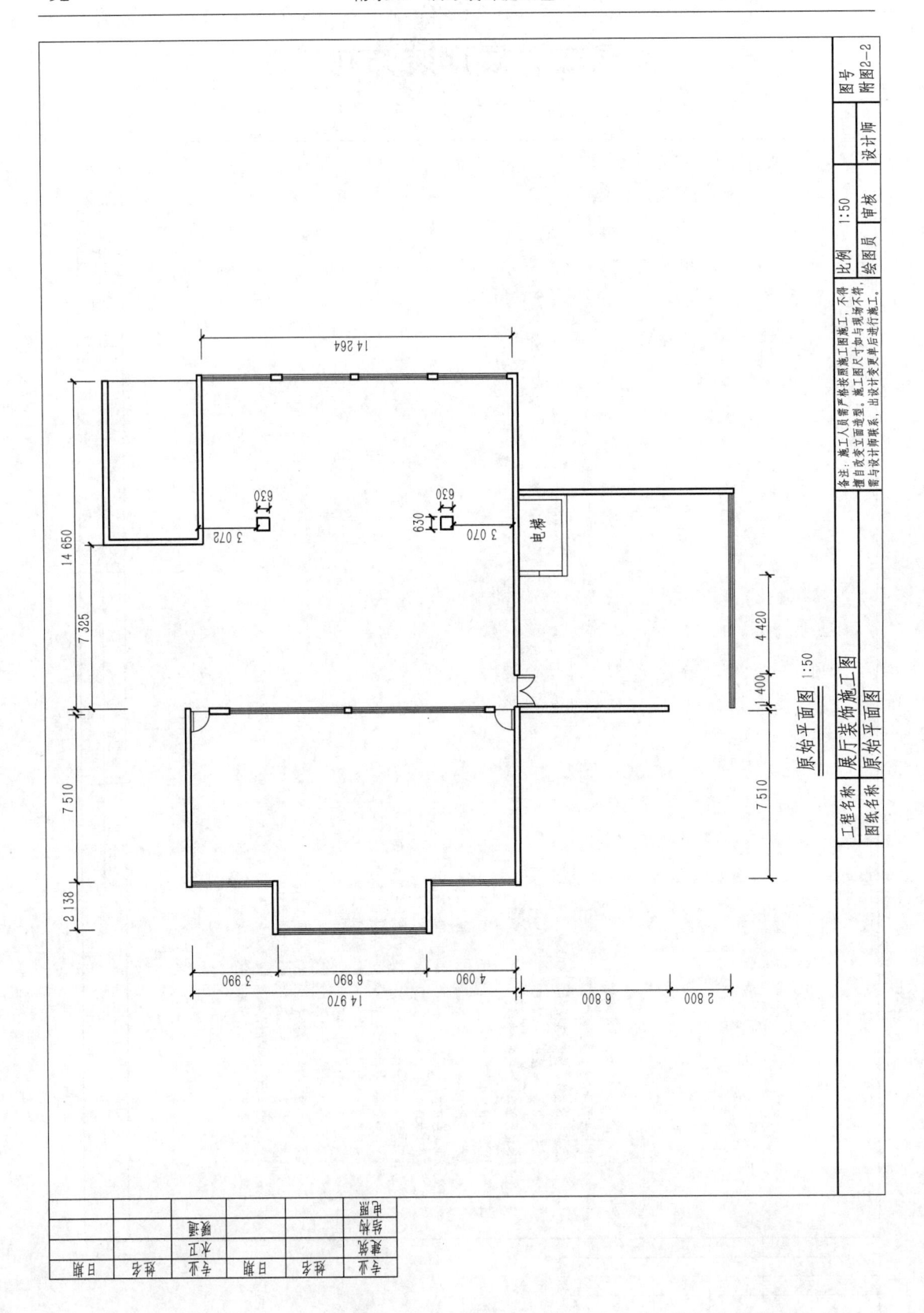

附录二 展厅装饰施工图

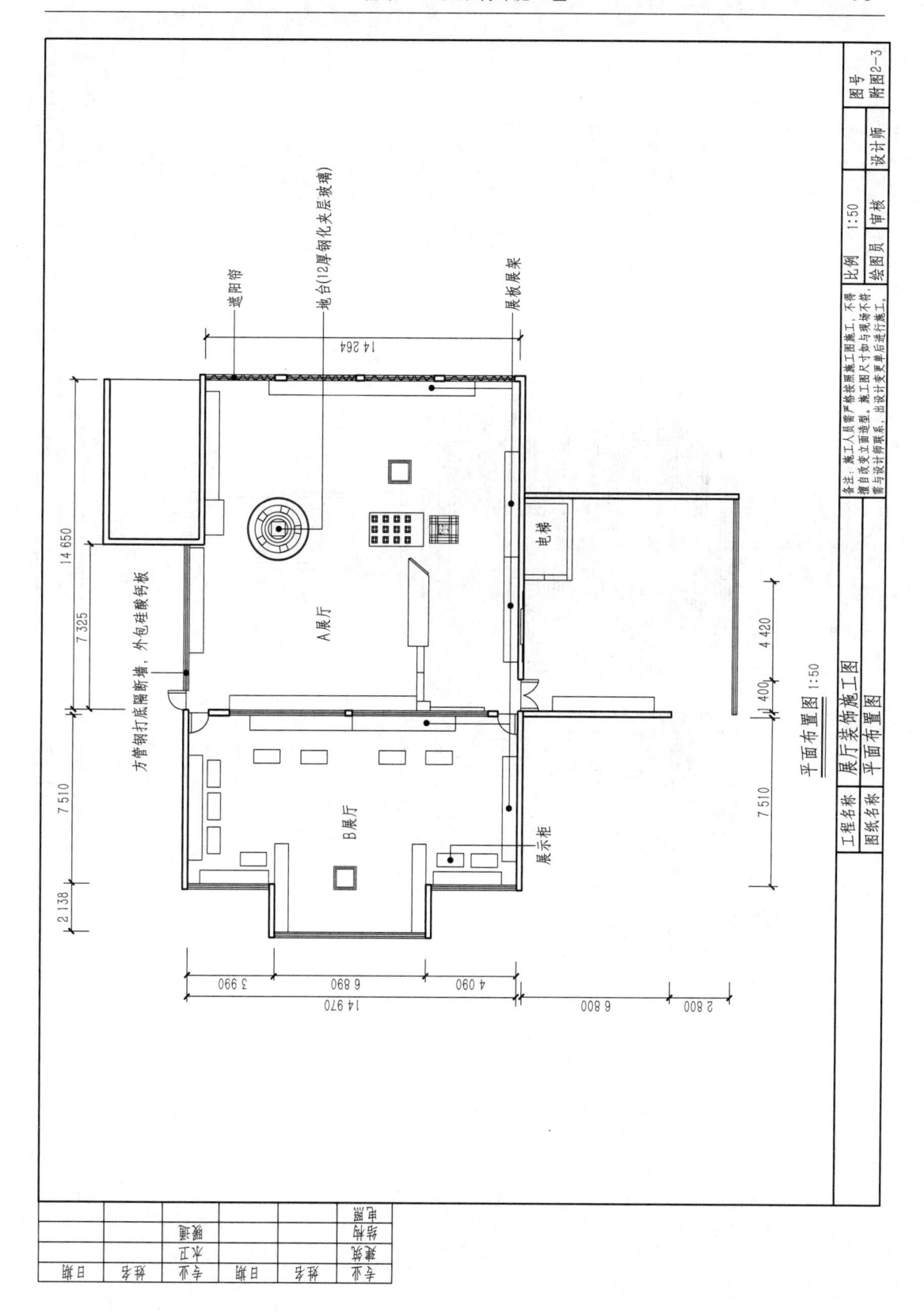

附录二　展厅装饰施工图

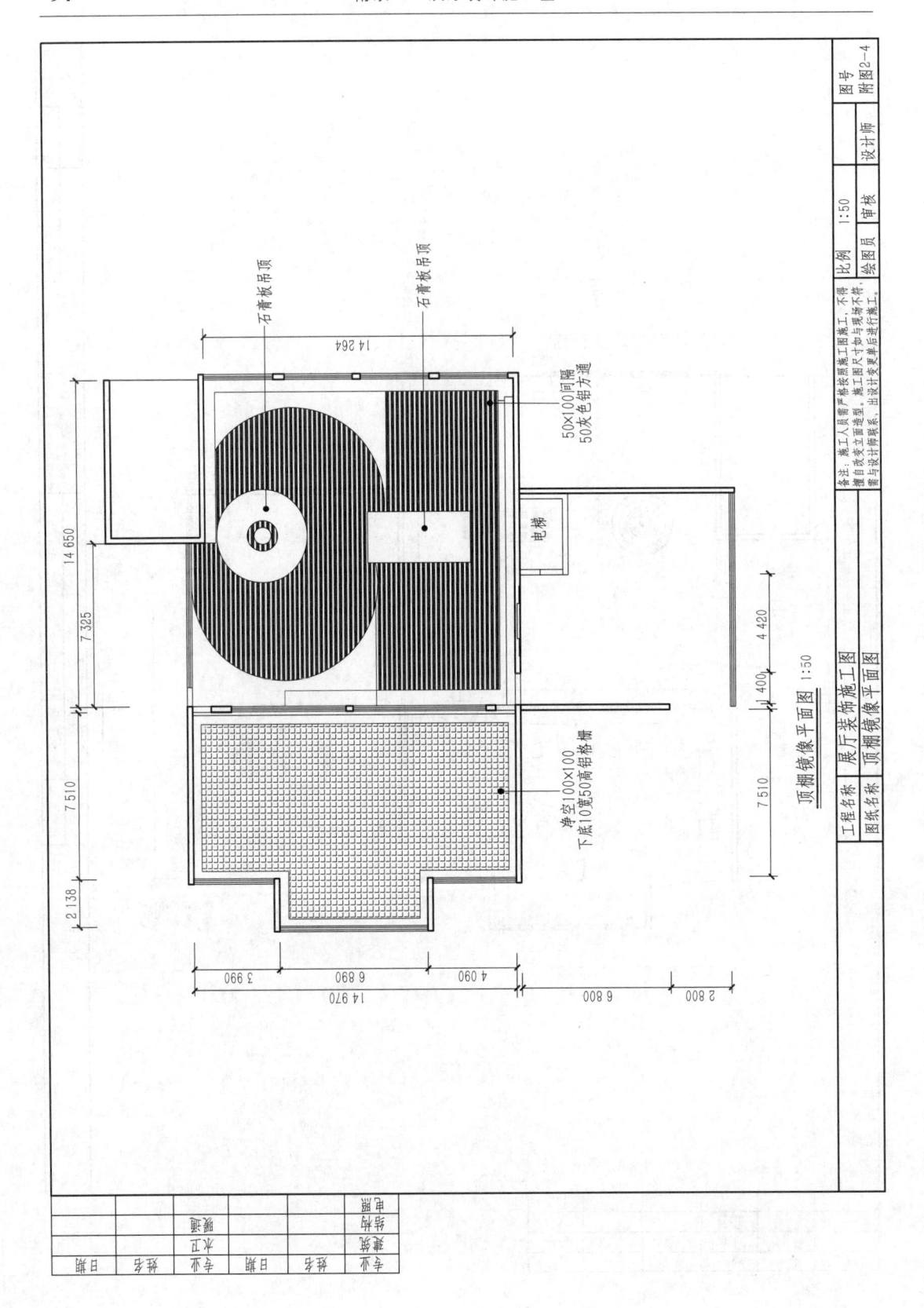

附录二 展厅装饰施工图

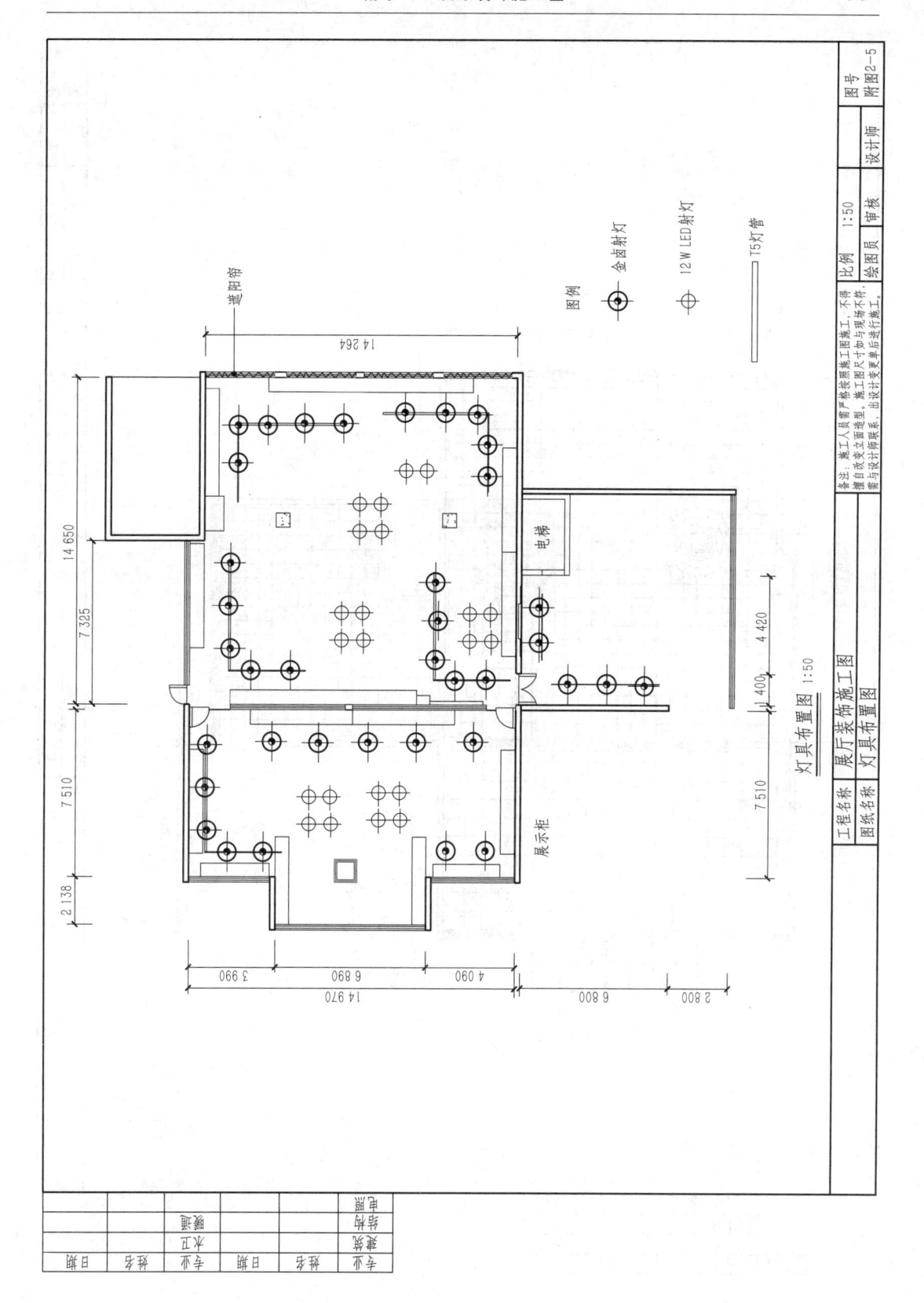

附录二 展厅装饰施工图

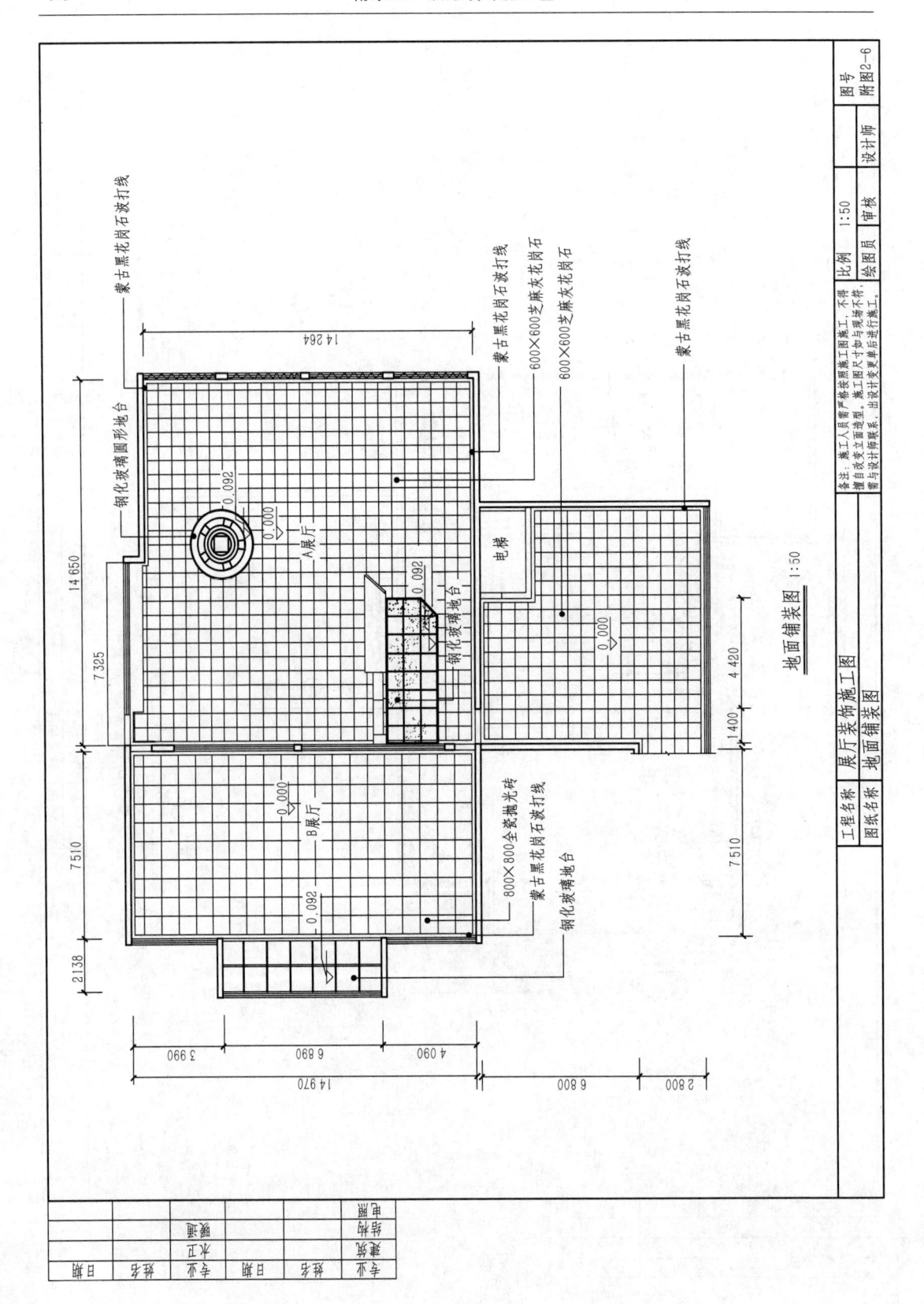

附录二 展厅装饰施工图

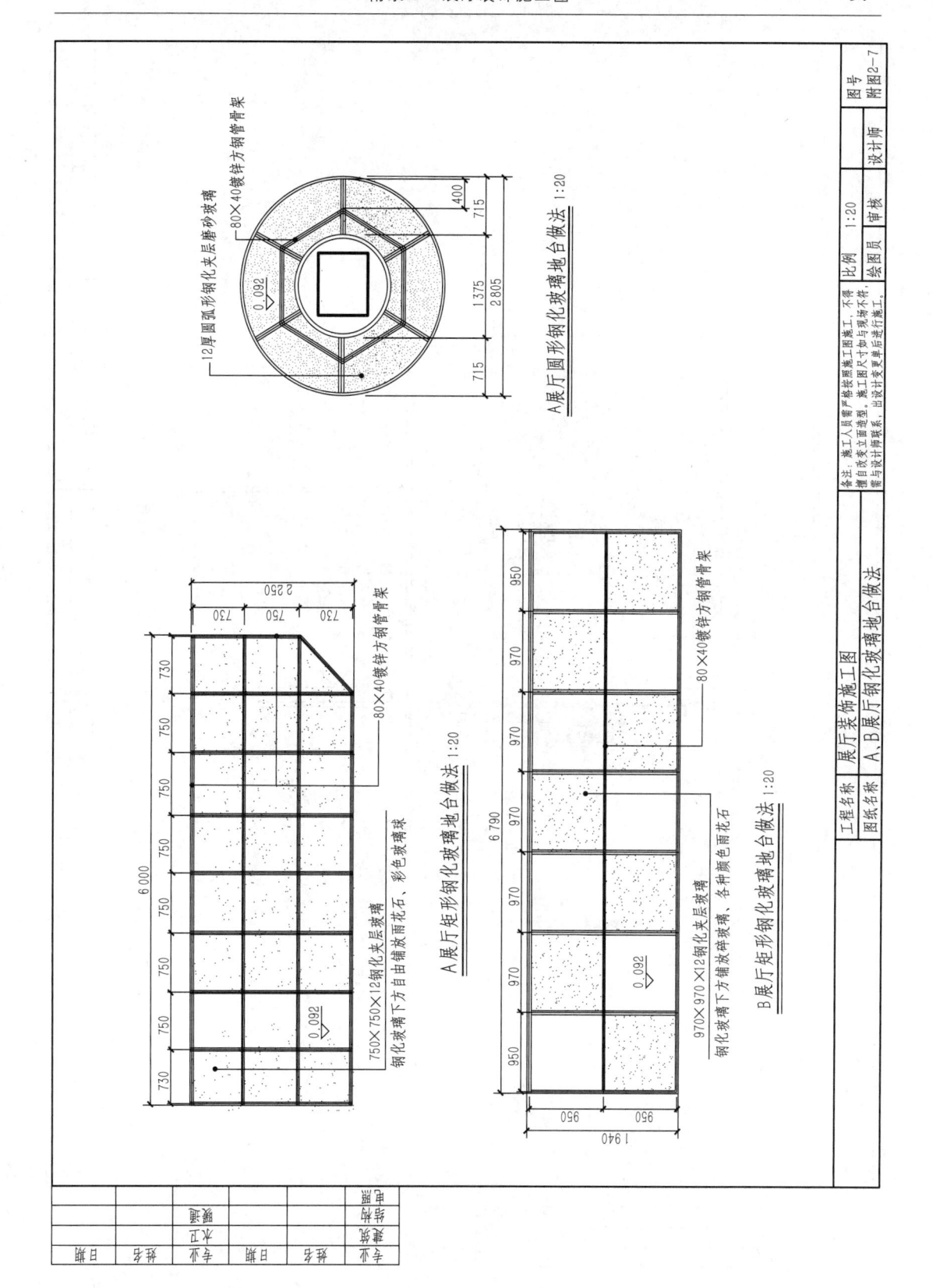

附录二 展厅装饰施工图

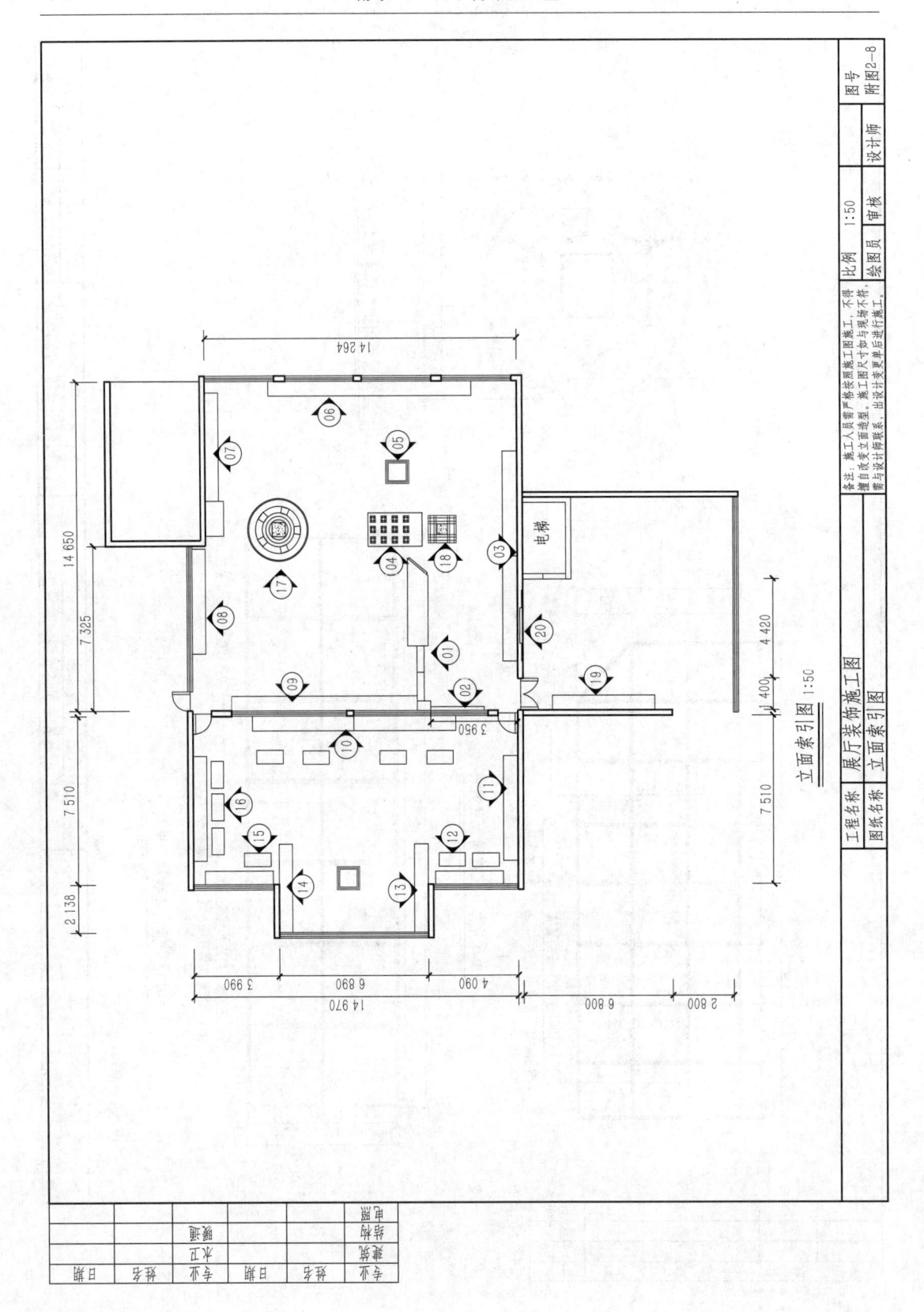

附录二 展厅装饰施工图

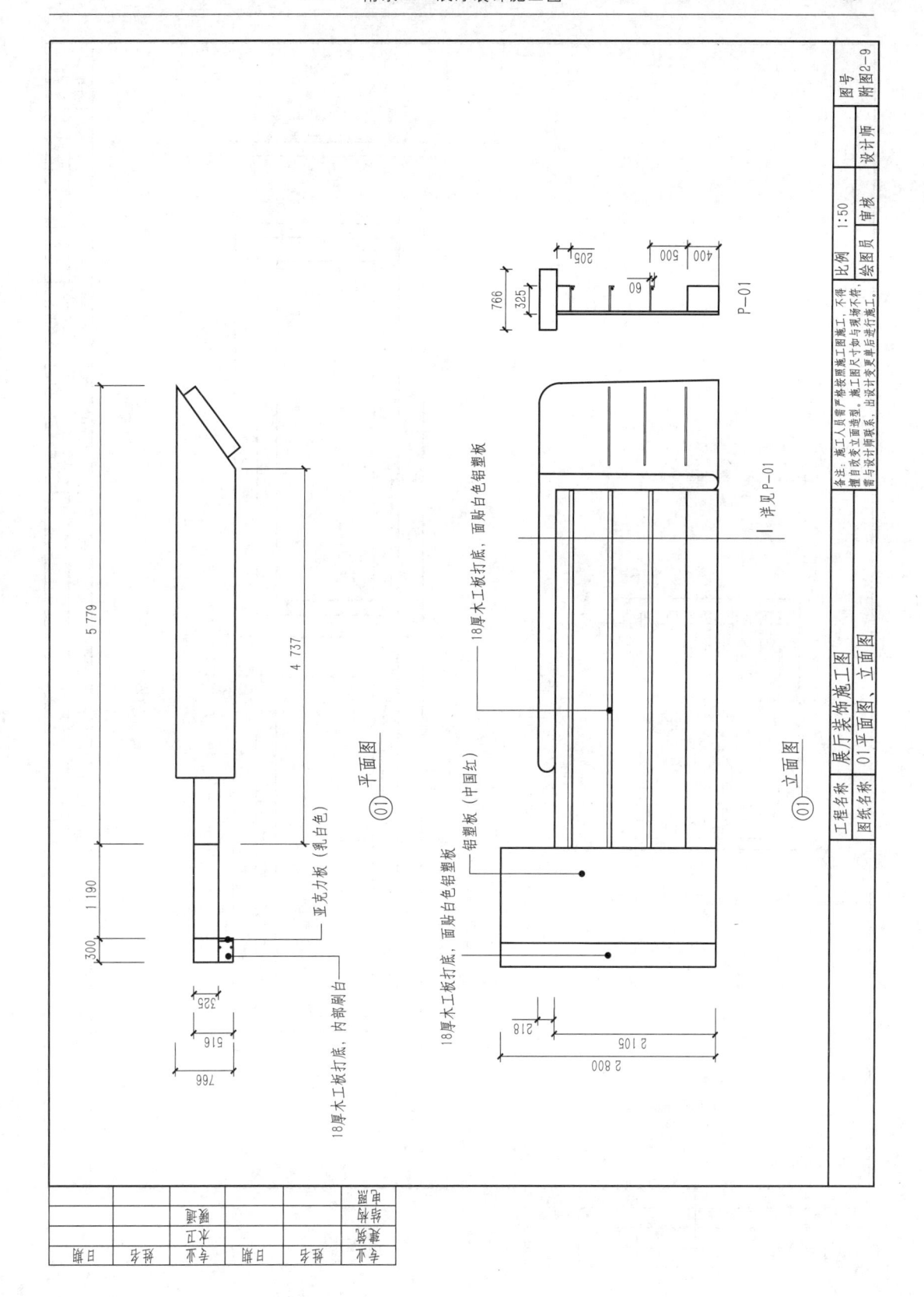

附录二 展厅装饰施工图

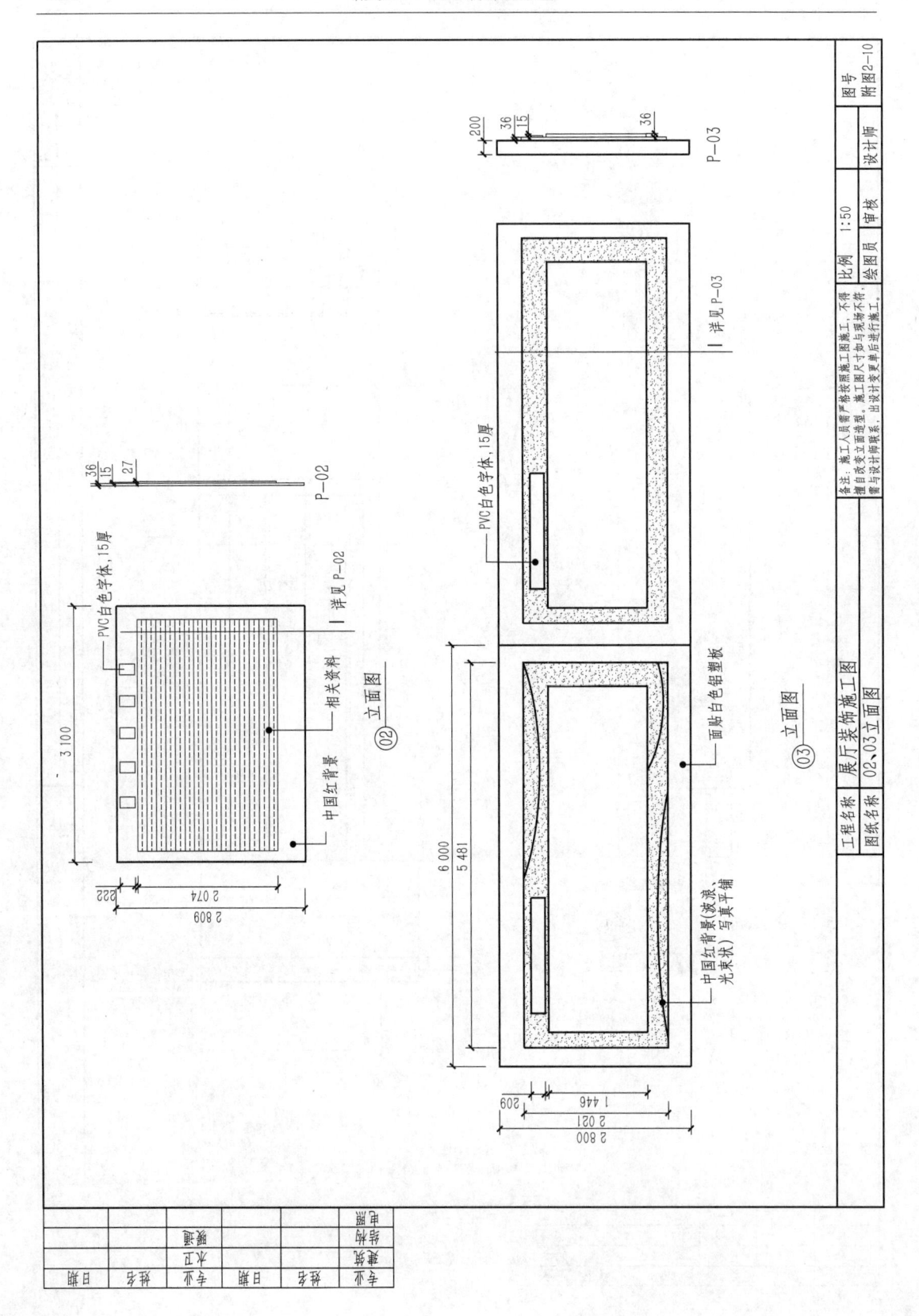

附录二 展厅装饰施工图

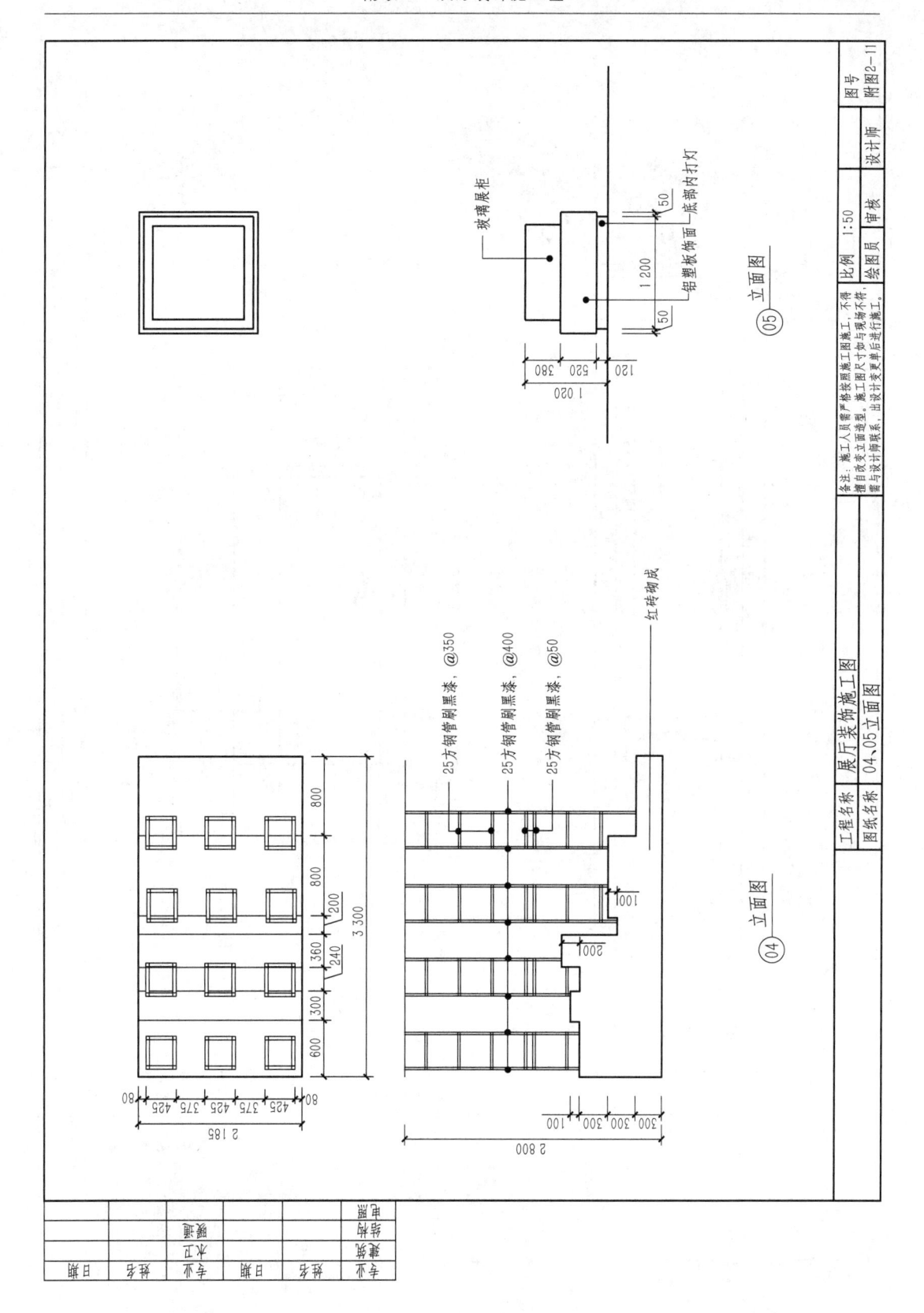

附录二 展厅装饰施工图

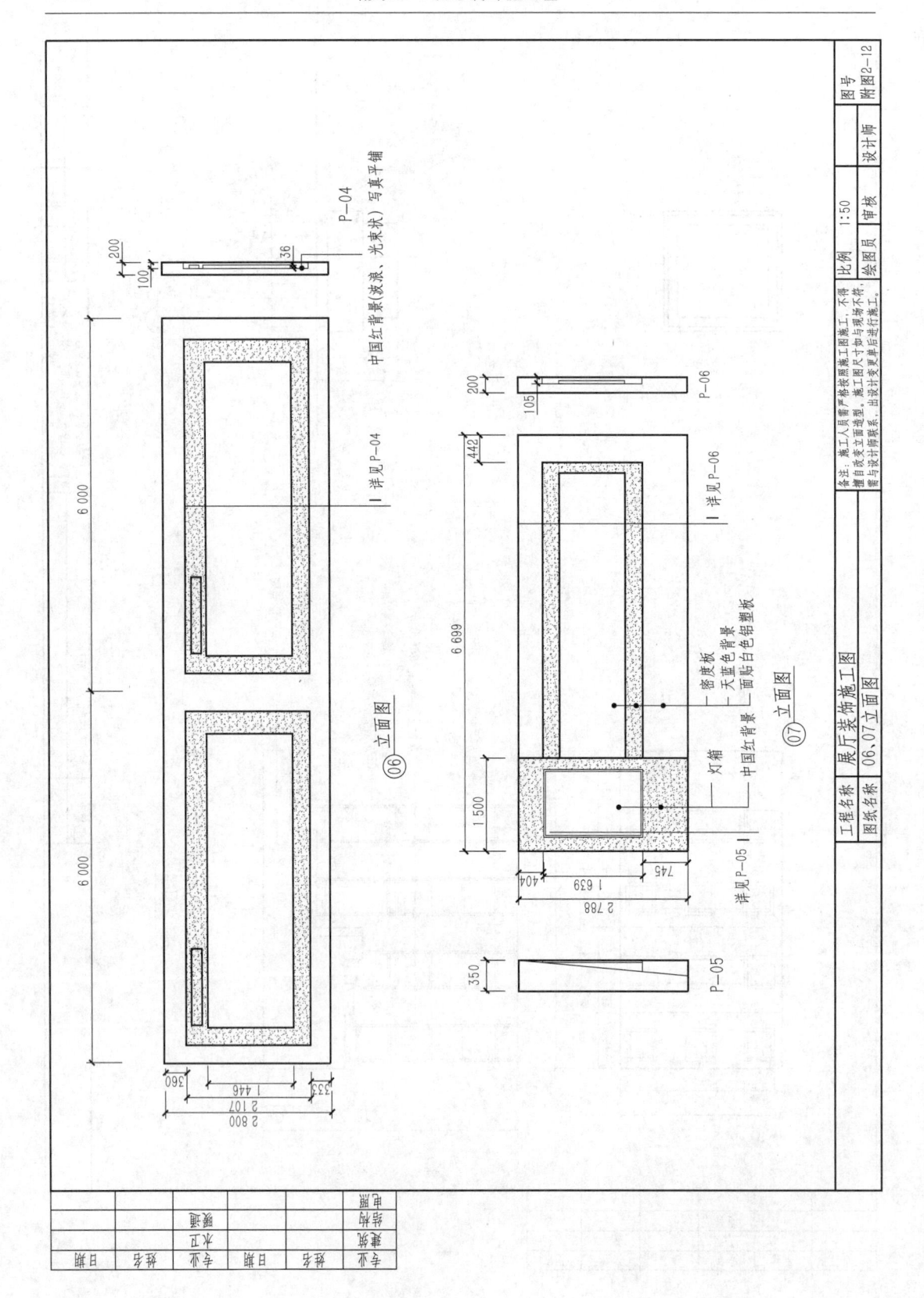

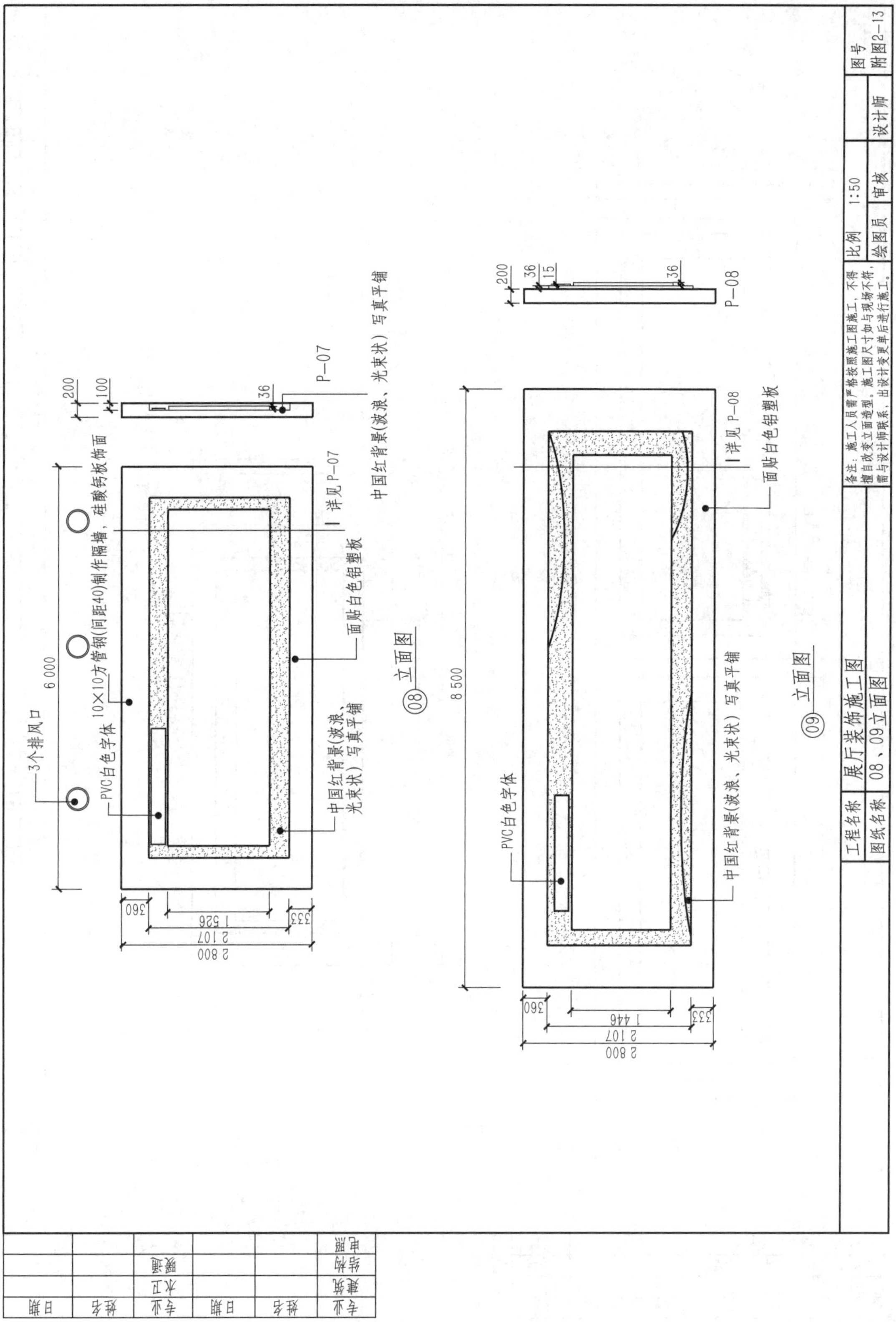

3个排风口
10×10方管钢(间距40)制作隔墙，硅酸钙板饰面
PVC白色字体
6 000
详见 P-07
P-07
200
100
36
面贴白色铝塑板
中国红背景(波浪、光束状)写真平铺
08 立面图
360
1 526
333
2 107
2 800
8 500
详见 P-08
P-08
15
09 立面图
1 446
工程名称　展厅装饰施工图
图纸名称　08、09立面图
备注：施工人员需严格按照施工图施工，不得擅自改变立面造型，施工图尺寸如与现场不符，需与设计师联系，出设计变更单后进行施工。
比例　1:50
图号　附图2-13
绘图员
审核
设计师
专业
签名
日期

附录二 展厅装饰施工图

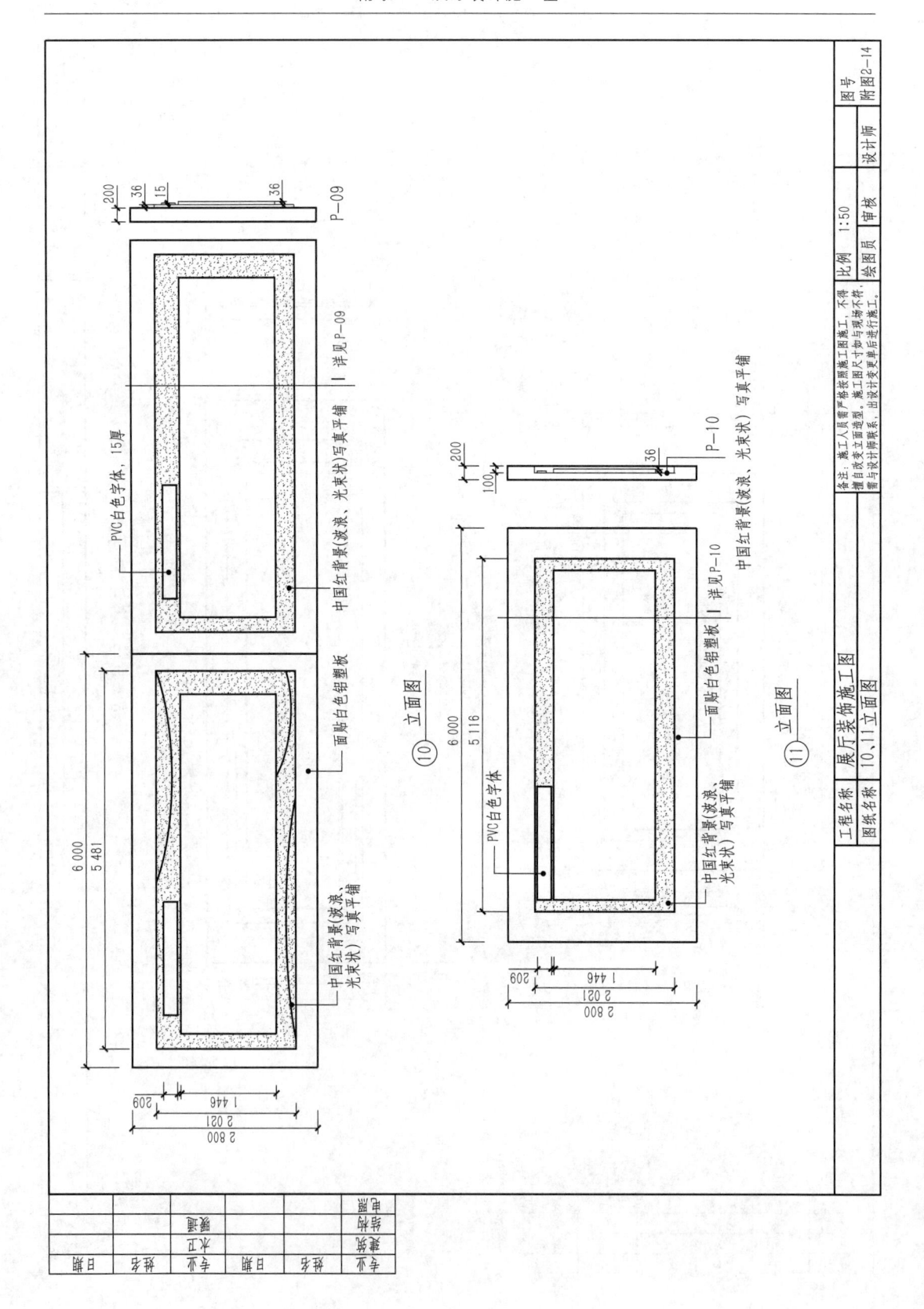

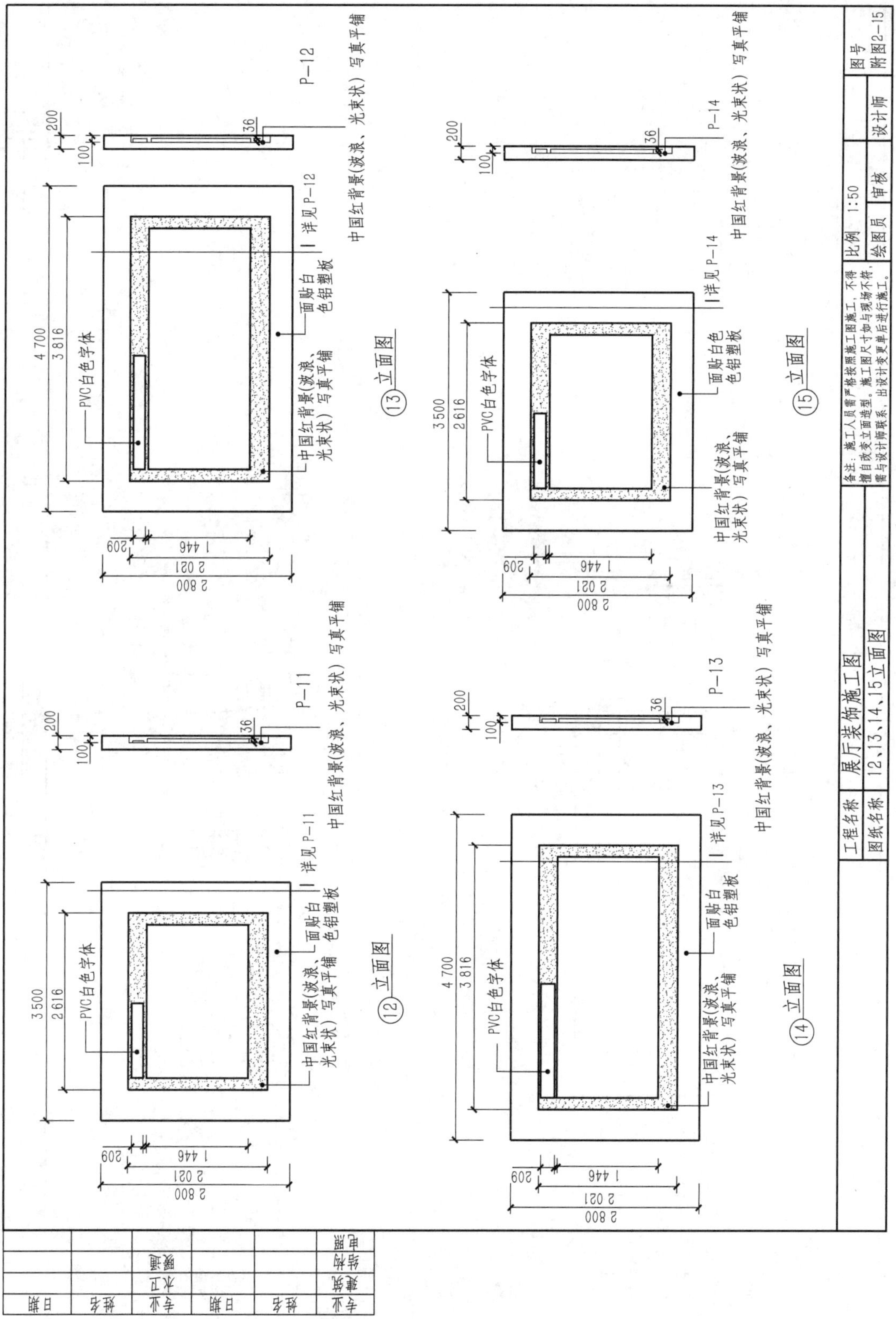

⑫ 立面图
⑬ 立面图
⑭ 立面图
⑮ 立面图
PVC白色字体
中国红背景(波浪、光束状）写真平铺
面贴白色铝塑板
详见P-11
详见P-12
详见P-13
详见P-14
P-11
P-12
P-13
P-14
中国红背景(波浪、光束状）写真平铺
3 500
2 616
4 700
3 816
2 800
2 021
1 446
209
200
100
36
备注：施工人员需严格按照施工图施工，不得擅自改变立面造型。施工图尺寸如与现场不符，需与设计师联系，出设计变更单后进行施工。
工程名称 展厅装饰施工图
图纸名称 12、13、14、15立面图
比例 1:50
绘图员
审核
设计师
图号 附图2-15
专业
签名
日期

附录二 展厅装饰施工图

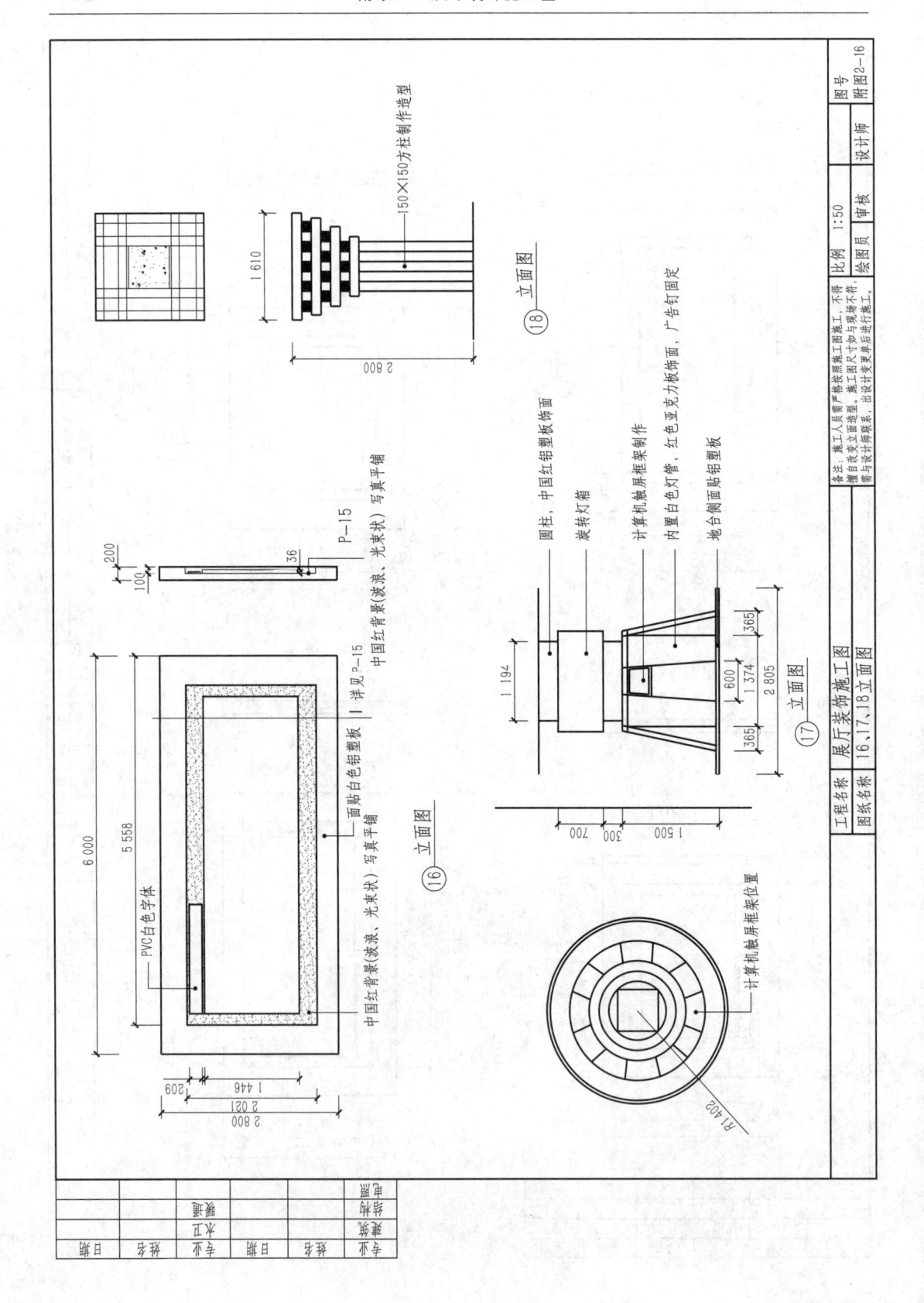

附录二 展厅装饰施工图

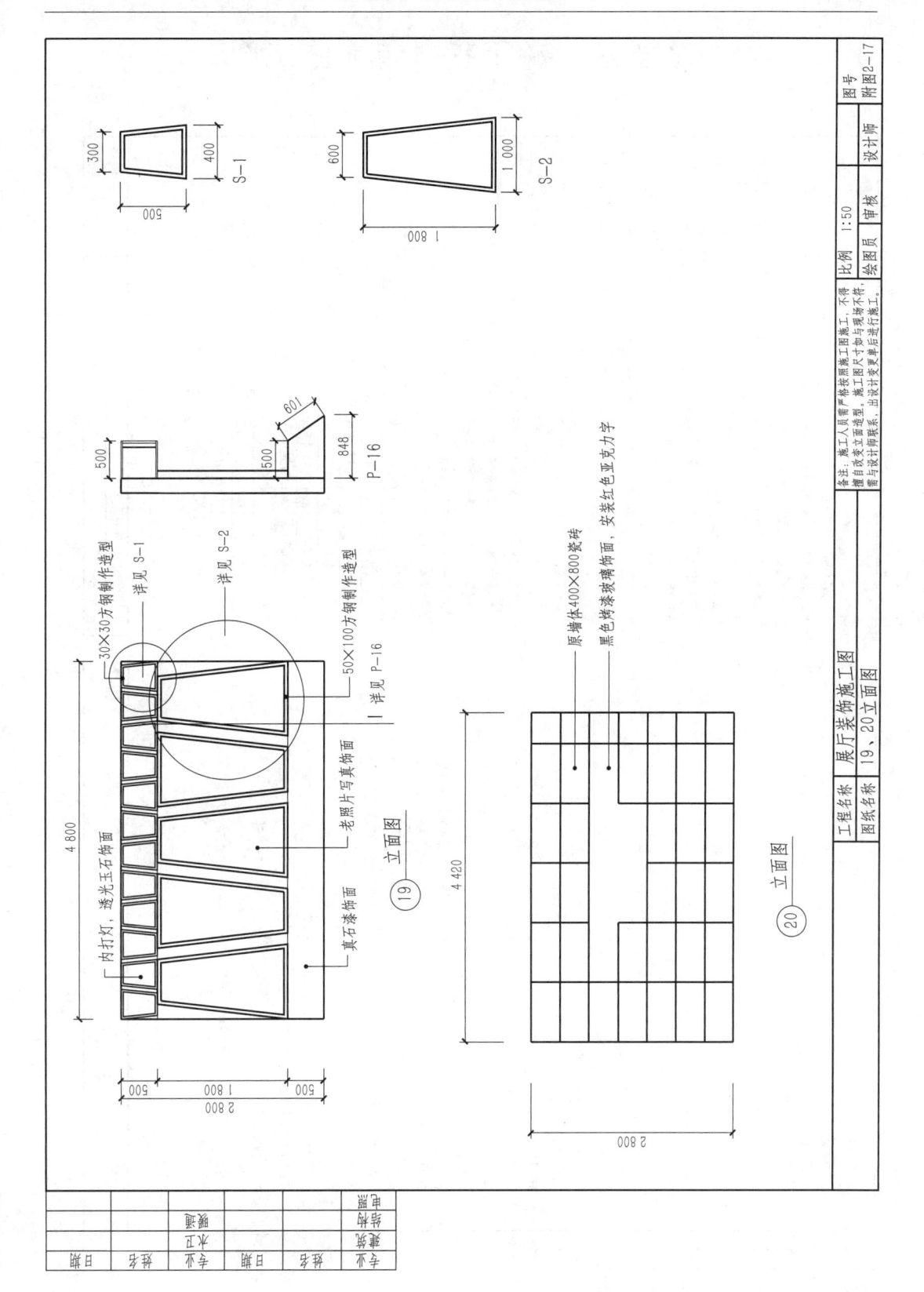

附录三 餐厅室内装饰施工图

设计说明

一、工程概况

本项目为餐厅室内装饰工程,现对顶面、墙面、地面等进行装饰,不改变原有任何消防设施,仅对消防装潢平面进行调整,确保消防设施未被遮盖。本工程所在建筑已经整体合格且消防验收合格安全条件。

1. 工程名称:××××××××
2. 工程地址:×××××××××××
3. 业主(甲方):××××
4. 设计范围:××××××××××

二、设计及施工依据

本工程遵守国内装饰设计的有关规定,主要包括:
《民用建筑设计统一标准》(GB 50352—2019)
《建筑内装修设计防火规范》(GB 50222—2017)
《建筑内装修工程室内环境污染控制规范》(GB 50325—2010)(2013年修订版)

三、设计要求及施工做法

1. 施工方应严格按设计文件和现行的施工验收规范进行施工。
2. 本工程按设计图集结合层和层现场实际要求时,应按图纸施工,严格按图集现行的设计规定集中验收规范进行施工,对施工层发现有材料、质量等问题应通知设计单位,需要变更材料及尺寸,连同要求及施工做法。

施工中严格按我行现行的中华人民共和国国家工程建设标准及有关法律、法规,表饰施工方案由本承包图纸进行施工,必须严格按图纸中所示材料及尺寸进行施工,如因现场标准需要变更材料及尺寸,连同设计应征得设计单位同意后方可进行变更。

四、主要部位

1. 一层餐厅地面采用800×800地砖铺设,浅啡网纹石材设计至点缀,墙面干挂浅啡网纹石材,顶面采用轻钢龙骨石膏板吊顶,局部采用塑胶吊顶。
2. 二层后厨地面采用600×600防滑砖铺设,墙面采用300×300墙砖粘贴,顶面采用600×600铝扣板吊顶。
3. 楼梯间墙面刷乳胶漆未装饰应符合设计点线及点色要求,墙面干挂浅啡网纹石材,顶面采用轻钢龙骨石膏板吊顶。

五、其他说明

1. 本工程注尺寸中,标高以m为单位,其余尺寸均以mm为单位。±0.000为装饰完成后地面标高,图纸吊顶标高为装饰完成后实际高度。
2. 所注尺寸为装饰完成后净尺寸,在砌图中,新开门洞只为装饰完成后净尺寸。土建改造中应该在此基础上调整预留500。
3. 若未特殊注明,轴线位于墙体正中。
4. 若未特殊注明,墙体符号相同为同一种材质。
5. 图中所有房间均符合防火规定。

六、设计要求及防火做法

1. 有关土建方案,应与委托方相符合,以图纸为依据,进行洽商和校核。
2. 所有基层及顶面材料,均按照《建筑内部装修设计防火规范》(GB 50222—2017)进行防火处理。

3. 设计采用材料应符合国家标准要求。

部位	材料	燃烧等级
顶棚	轻钢龙骨纸面石膏板	A级、不燃性
顶棚	轻钢龙骨硅酸钙板	A级、不燃性
墙面	加气块	A级、不燃性
墙面	轻钢龙骨硅酸钙板	A级、不燃性
墙面	木质隔音板	A级、不燃性
地面	地砖	A级、不燃性
地面	石材	A级、不燃性

《室内装饰装修材料 人造板及其制品中甲醛释放限量》(GB 18580—2017)
《室内装饰装修材料 溶剂型木器涂料中有害物质限量》(GB 18581—2009)
《室内装饰装修材料 内墙涂料中有害物质限量》(GB 18582—2008)
《室内装饰装修材料 胶粘剂中有害物质限量》(GB 18583—2008)
《室内装饰装修材料 木家具中有害物质限量》(GB 18584—2001)

七、本次主要装修材料燃烧性能等级要求

注:所有固定家具和地板均应进行防火处理,达到B1级要求。

工程名称	餐厅室内装饰施工图	比例		图号
图纸名称	设计说明	绘图员		附图3-1
		审核		
		设计师		

附录三 餐厅室内装饰施工图

施工图目录

图号	图纸名称	规格
	一层原始平面图	A4
	二层原始平面图	A4
	一层平面布置图	A4
	二层平面布置图	A4
	一层地面铺装图	A4
	二层地面铺装图	A4
	一层顶棚镜像平面图	A4
	二层顶棚镜像平面图	A4
	一层大厅顶棚详图与地面铺装图	A4
	一层大厅立面图	A4
	一层大厅节点大样图	A4
	二层包间1平面布置图与地面铺装图	A4
	二层包间1与餐厅与卫生间立面图	A4
	二层包间1顶棚镜像平面图	A4
	二层包间2平面布置图和顶棚镜像平面图	A4
	二层包间2立面图1	A4

图号	图纸名称	规格
	二层包间2立面图2	A4
	二层包间2立面图3	A4
	二层夹廊平面布置图与地面铺装图	A4
	二层夹廊顶棚镜像平面图与灯具布置图	A4
	二层夹廊立面图	A4
	二层夹廊节点大样图	A4

工程名称	餐厅室内装饰施工图	比例		图号
图纸名称	施工图目录	绘图员	审核	设计师	附图3-2

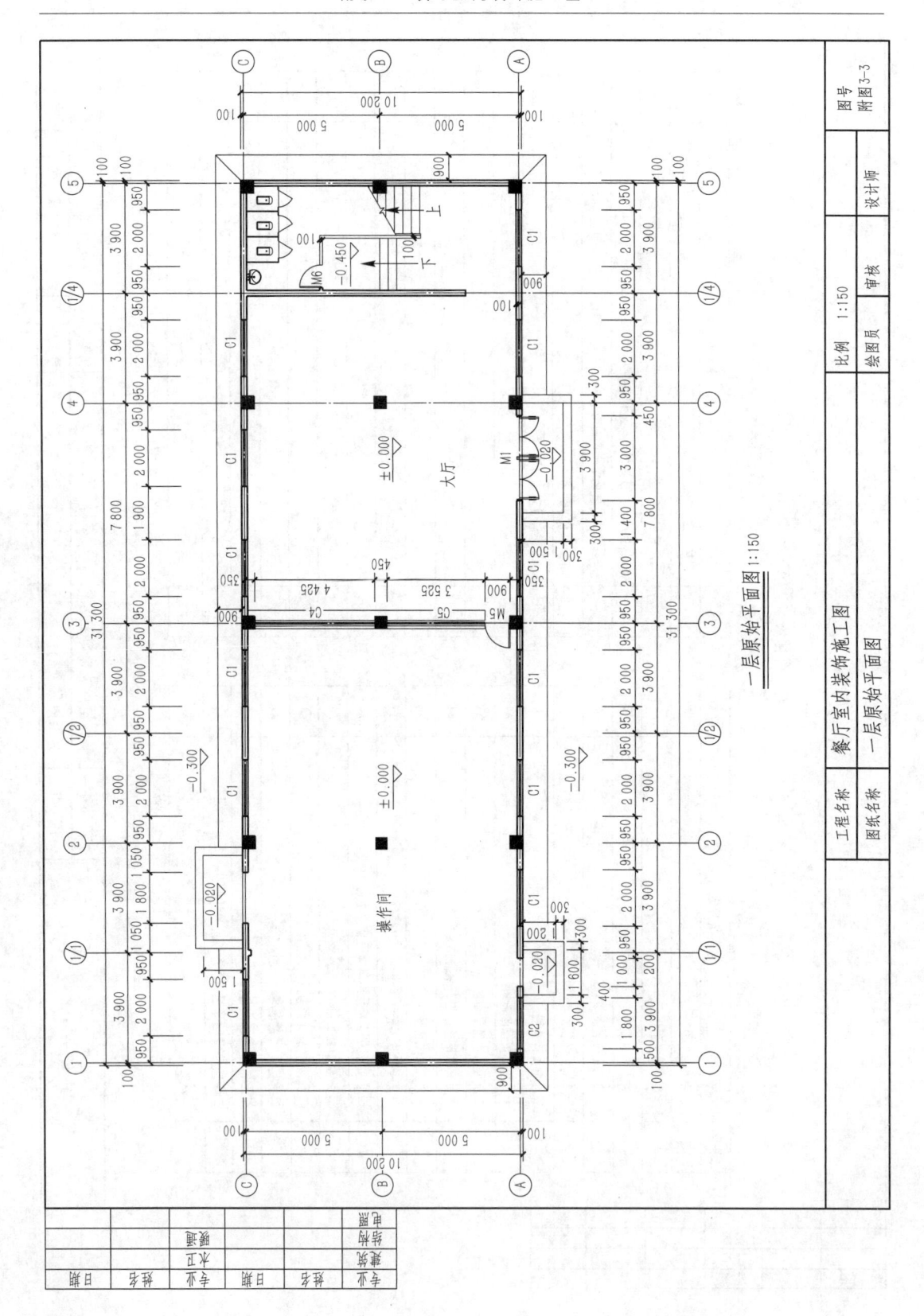

附录三 餐厅室内装饰施工图

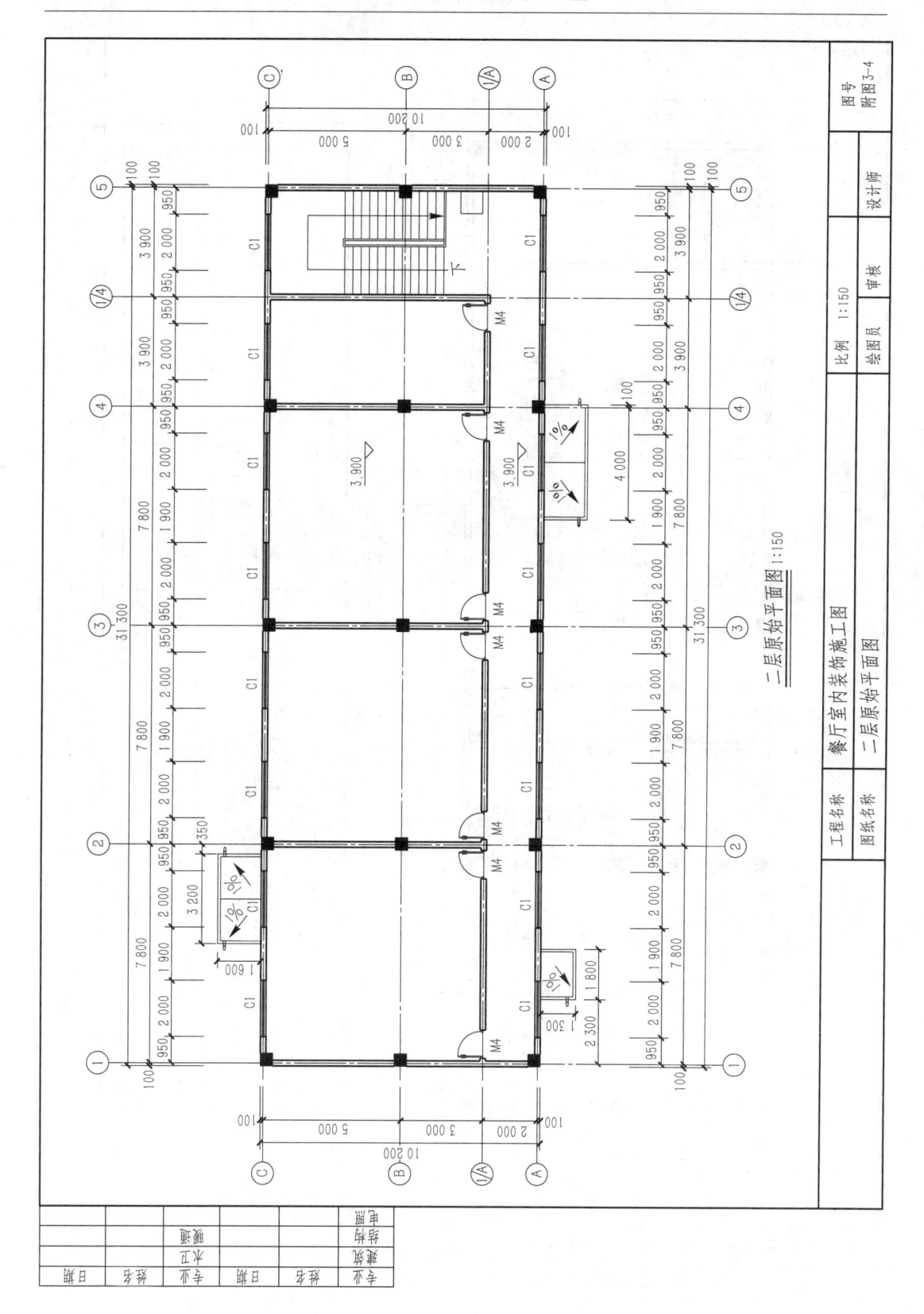

附录三 餐厅室内装饰施工图

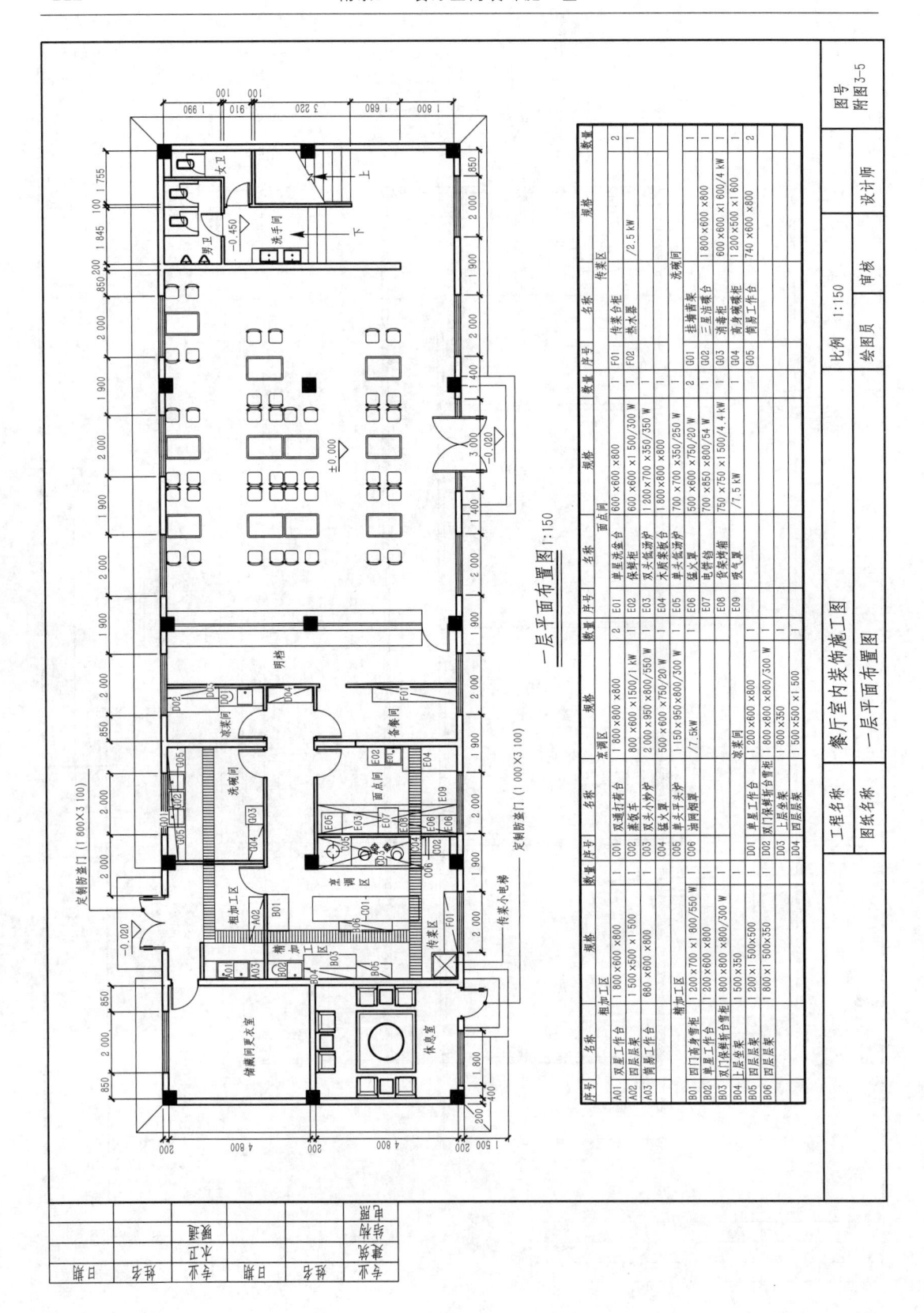

附录三 餐厅室内装饰施工图

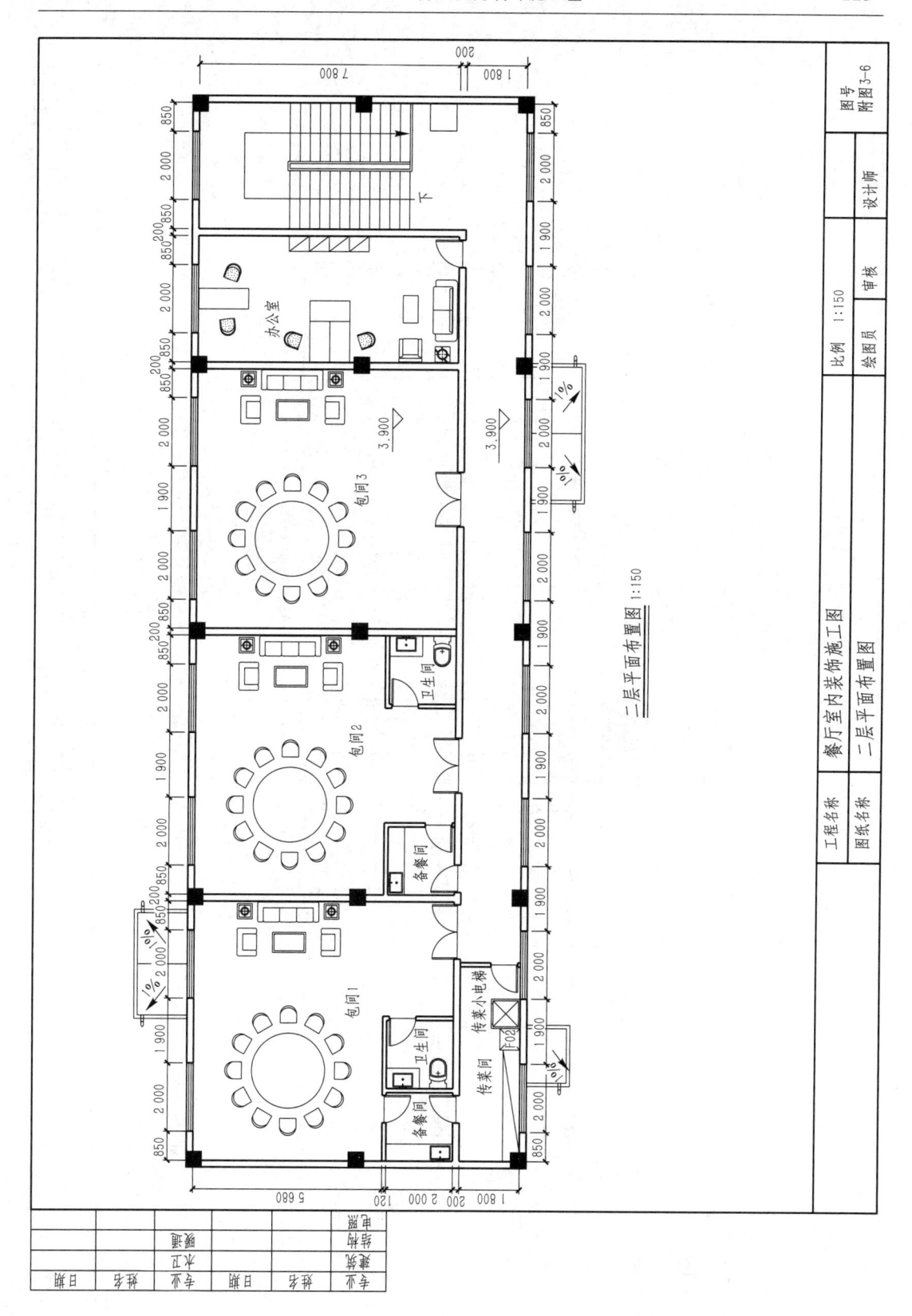

附录三　餐厅室内装饰施工图

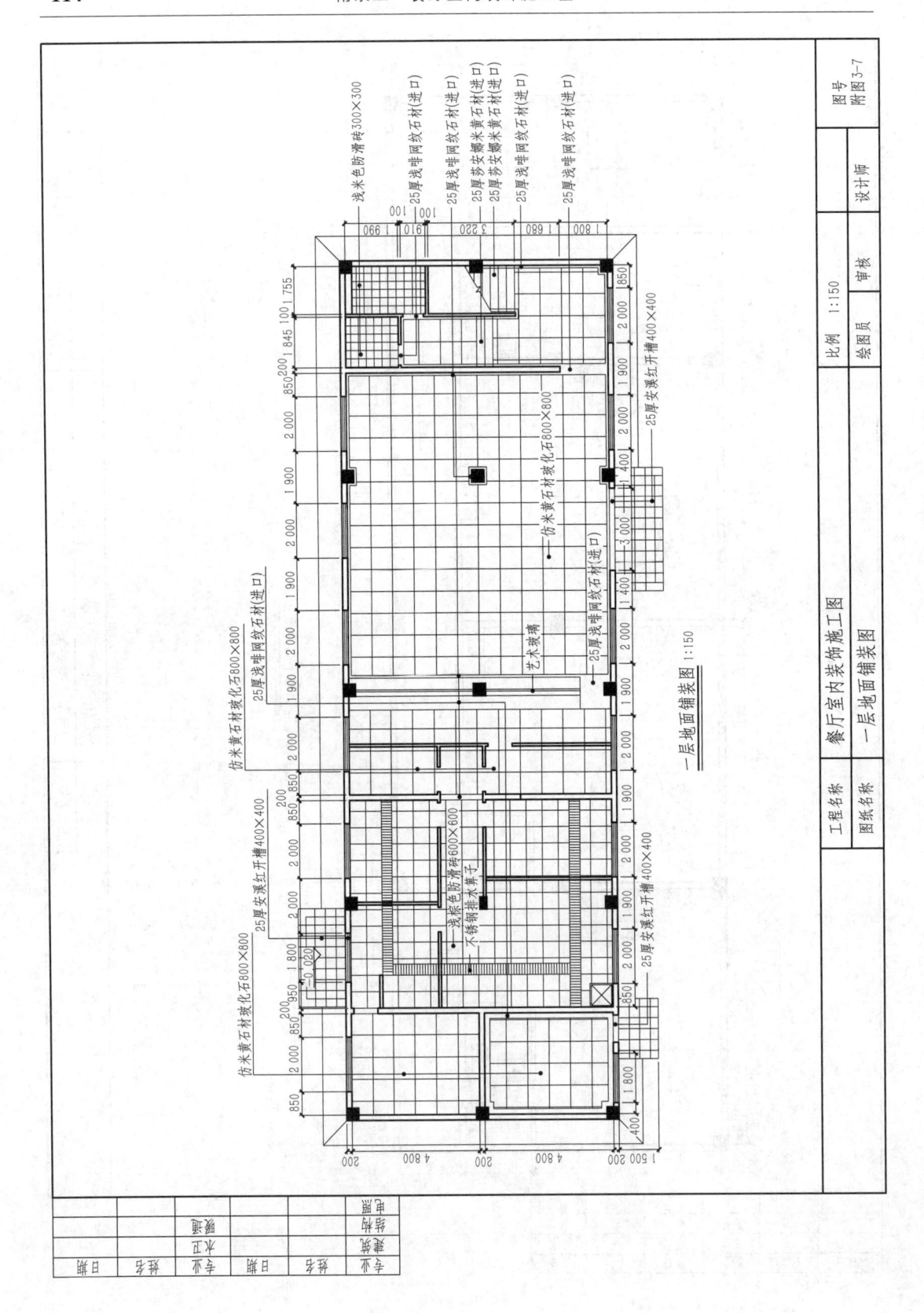

附录三 餐厅室内装饰施工图

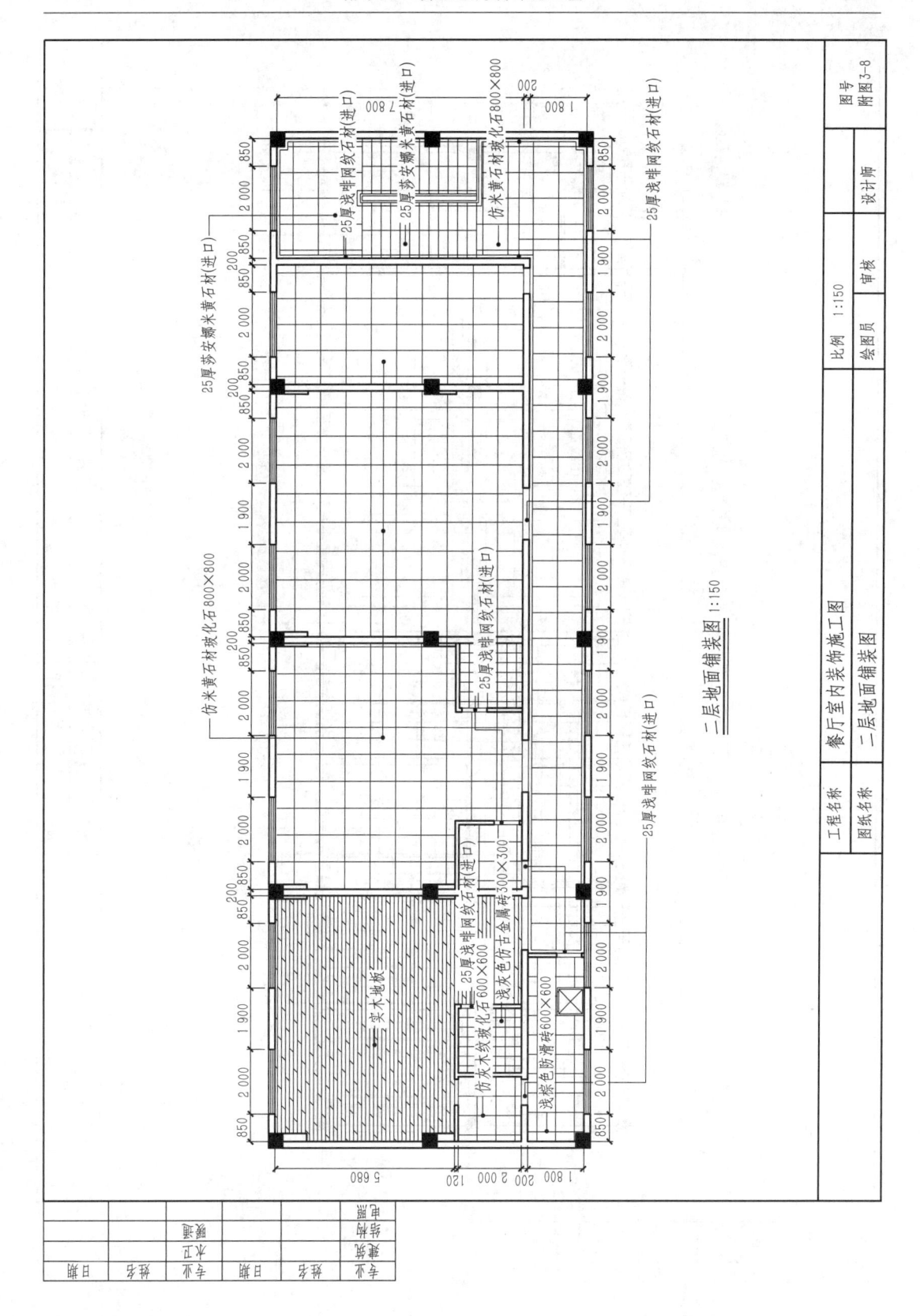

附录三 餐厅室内装饰施工图

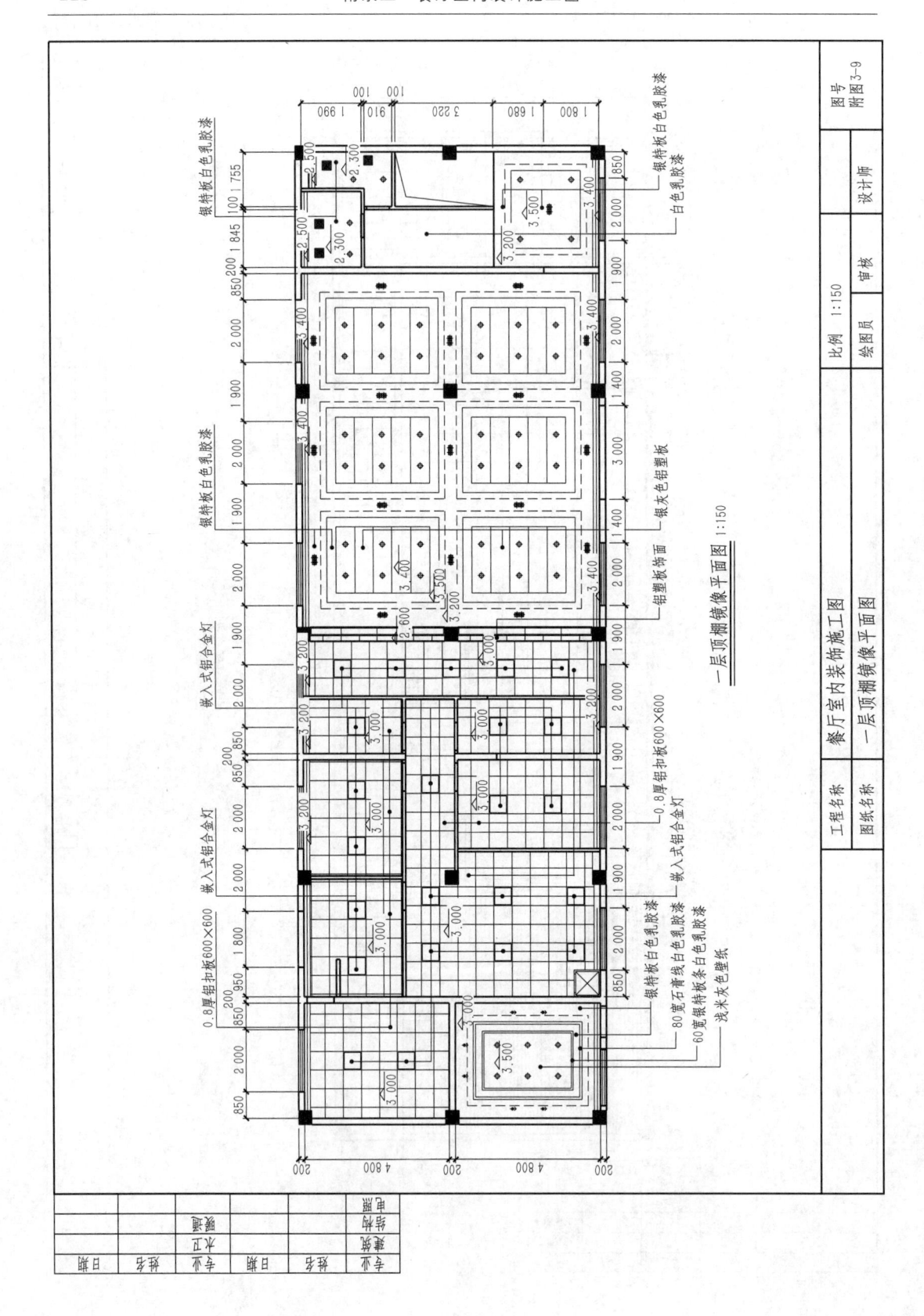

附录三　餐厅室内装饰施工图

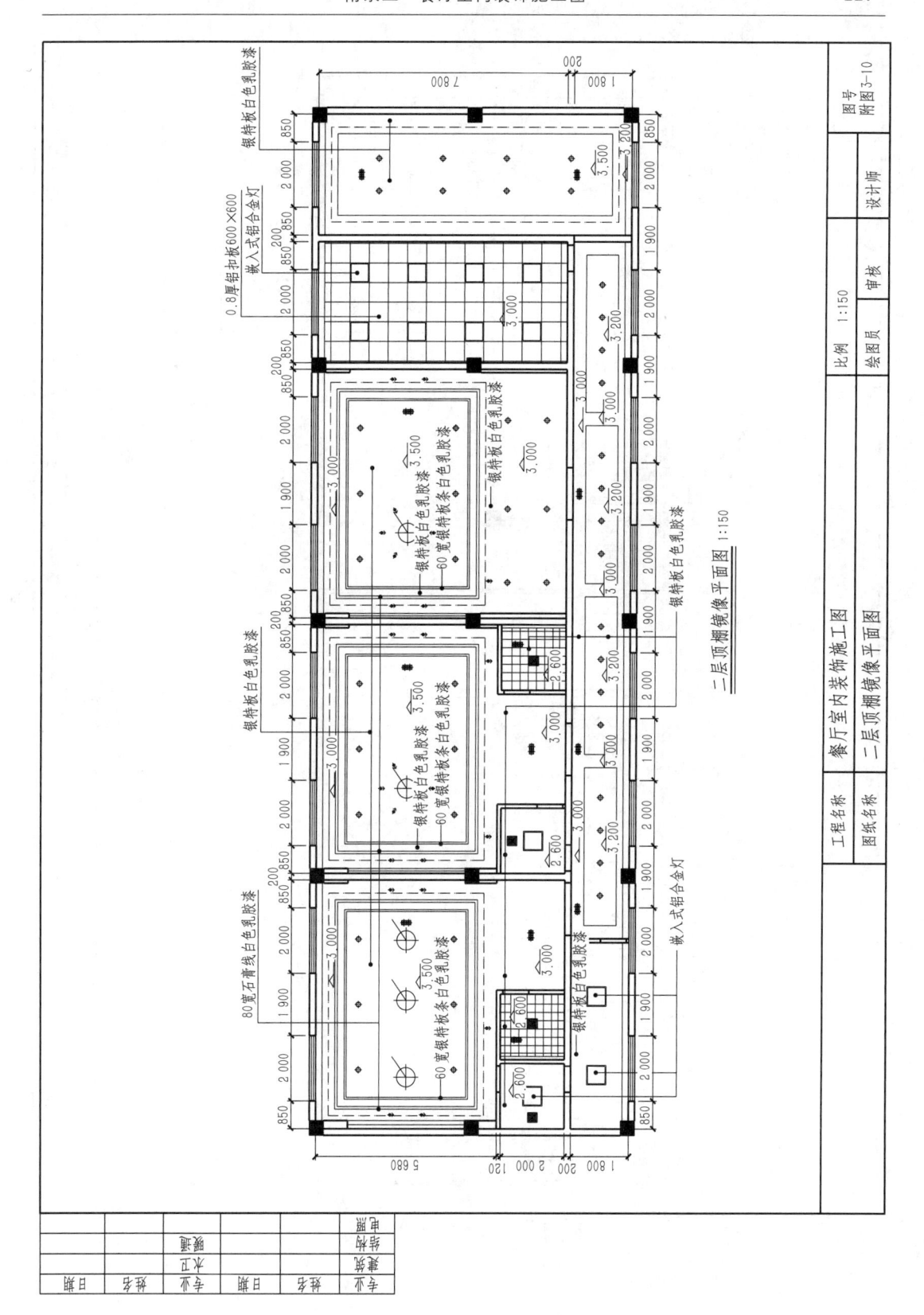

附录三 餐厅室内装饰施工图

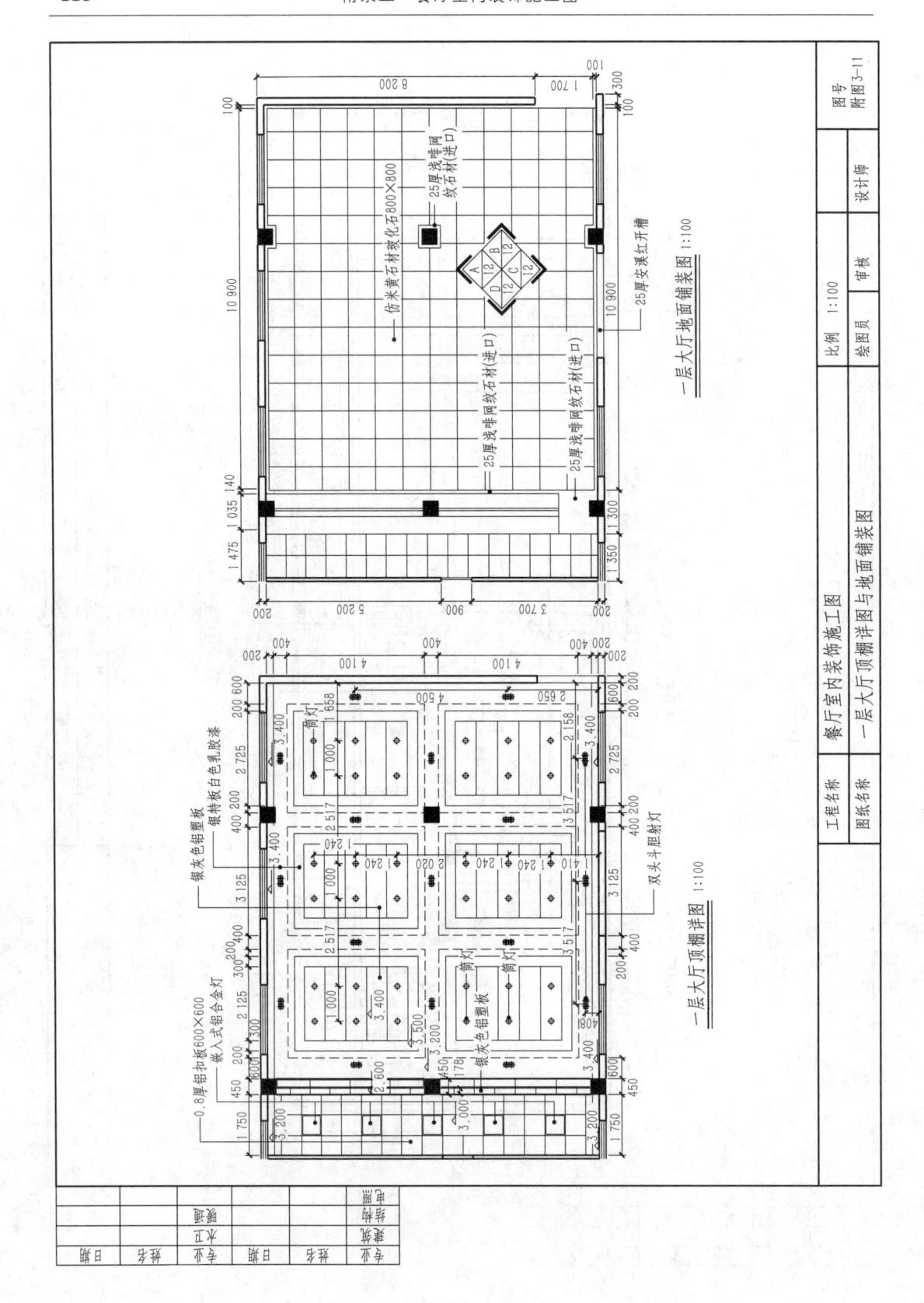

附录三 餐厅室内装饰施工图

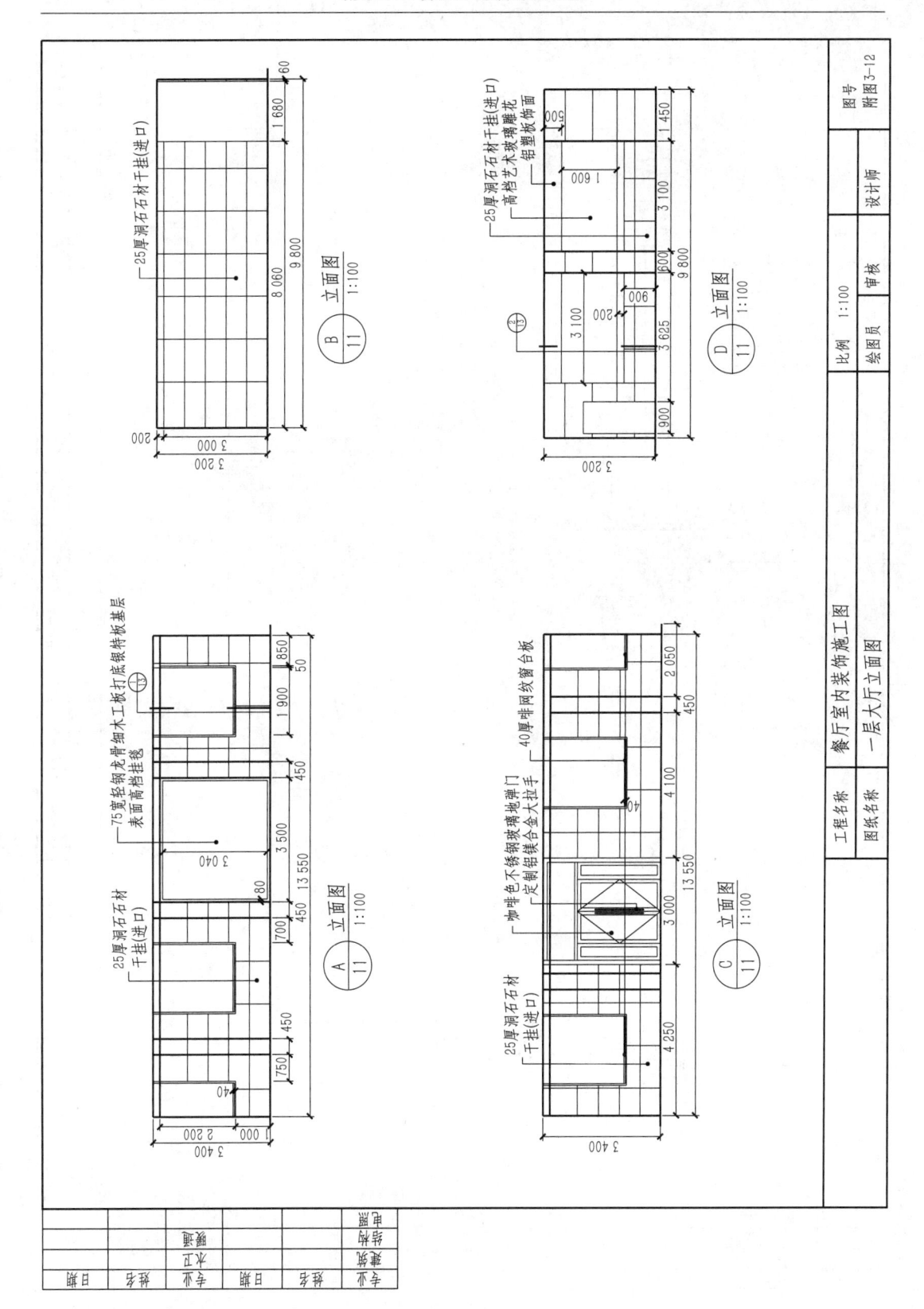

附录三 餐厅室内装饰施工图

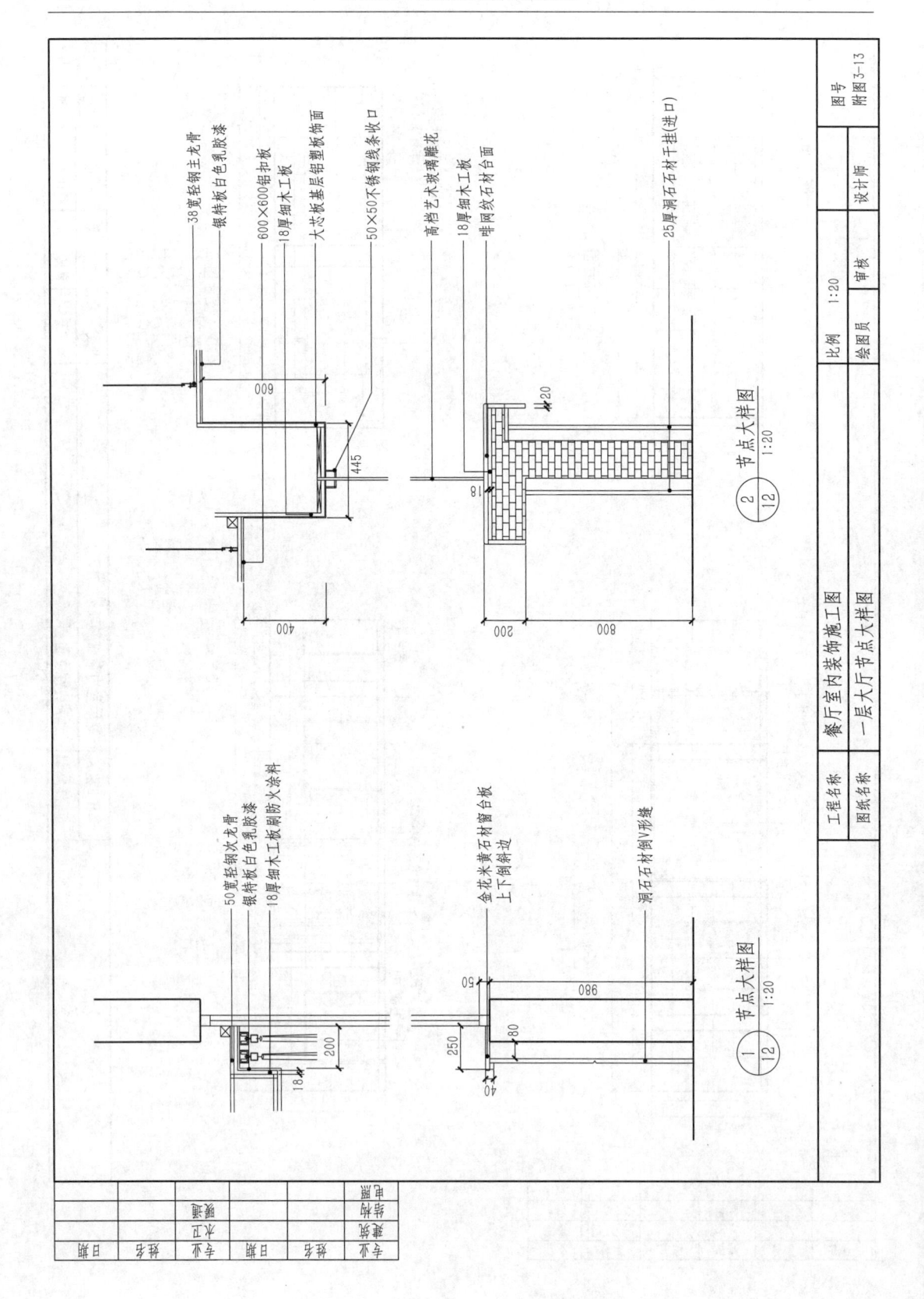

附录三　餐厅室内装饰施工图

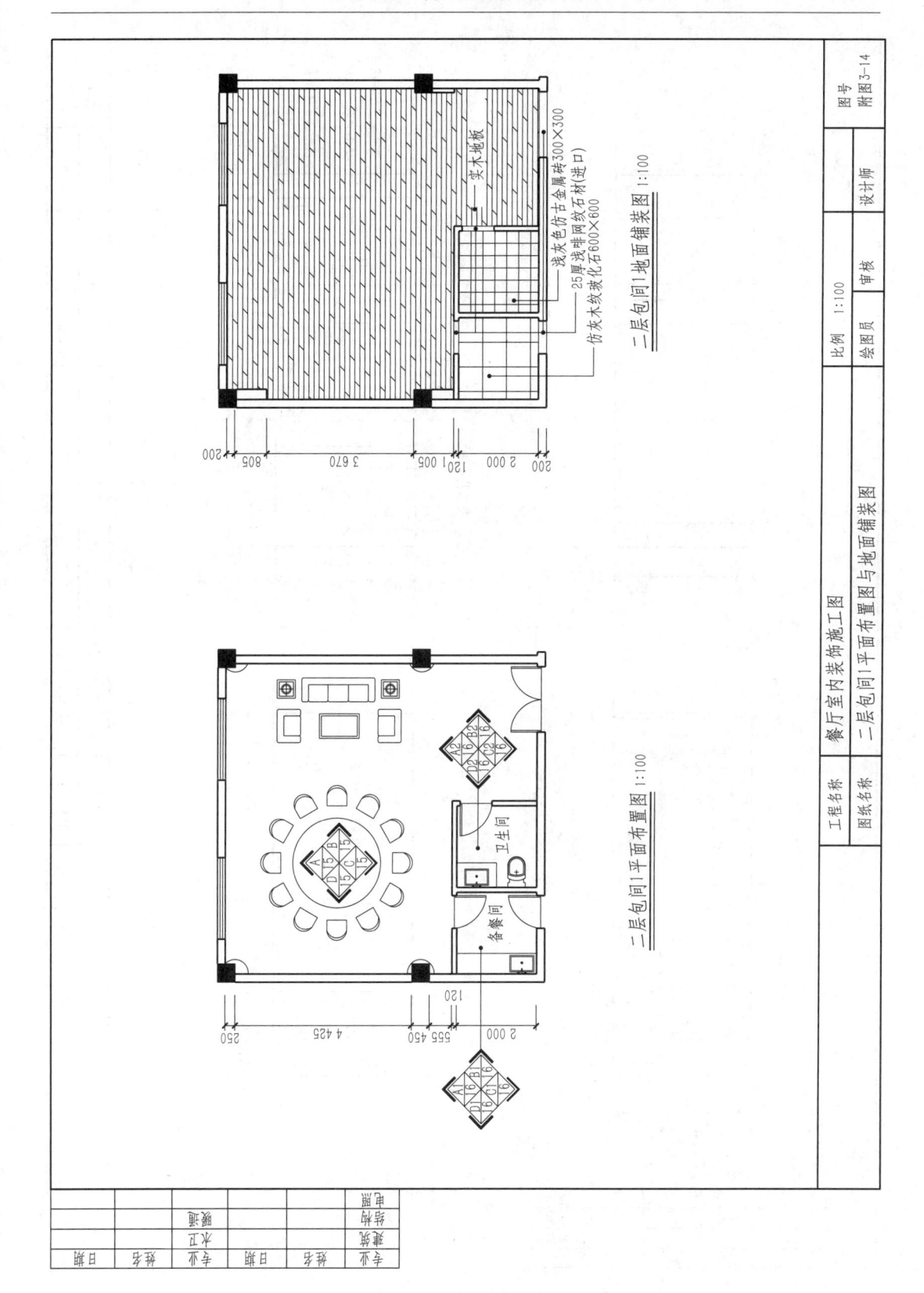

附录三 餐厅室内装饰施工图

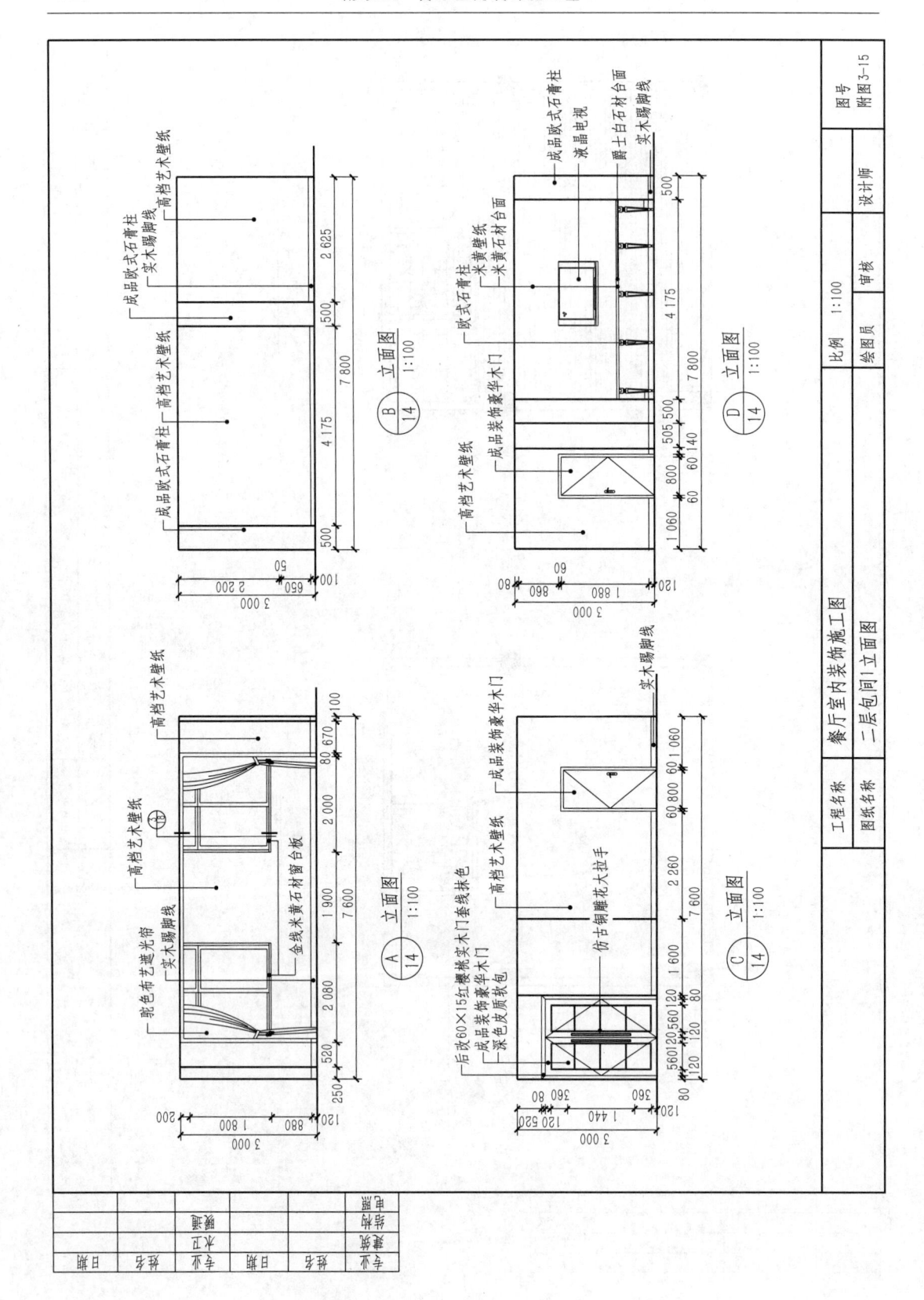

附录三　餐厅室内装饰施工图

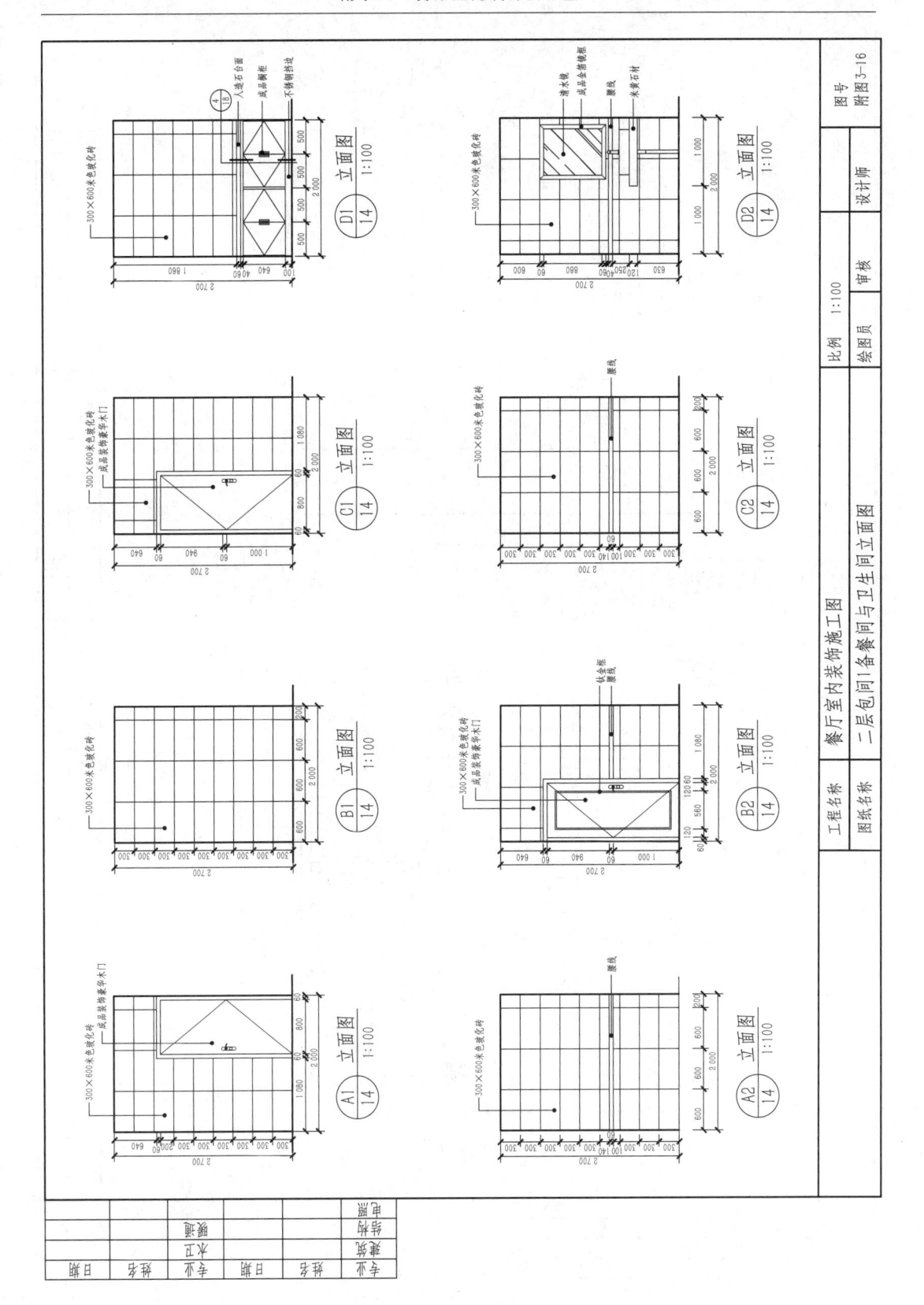

附录三 餐厅室内装饰施工图

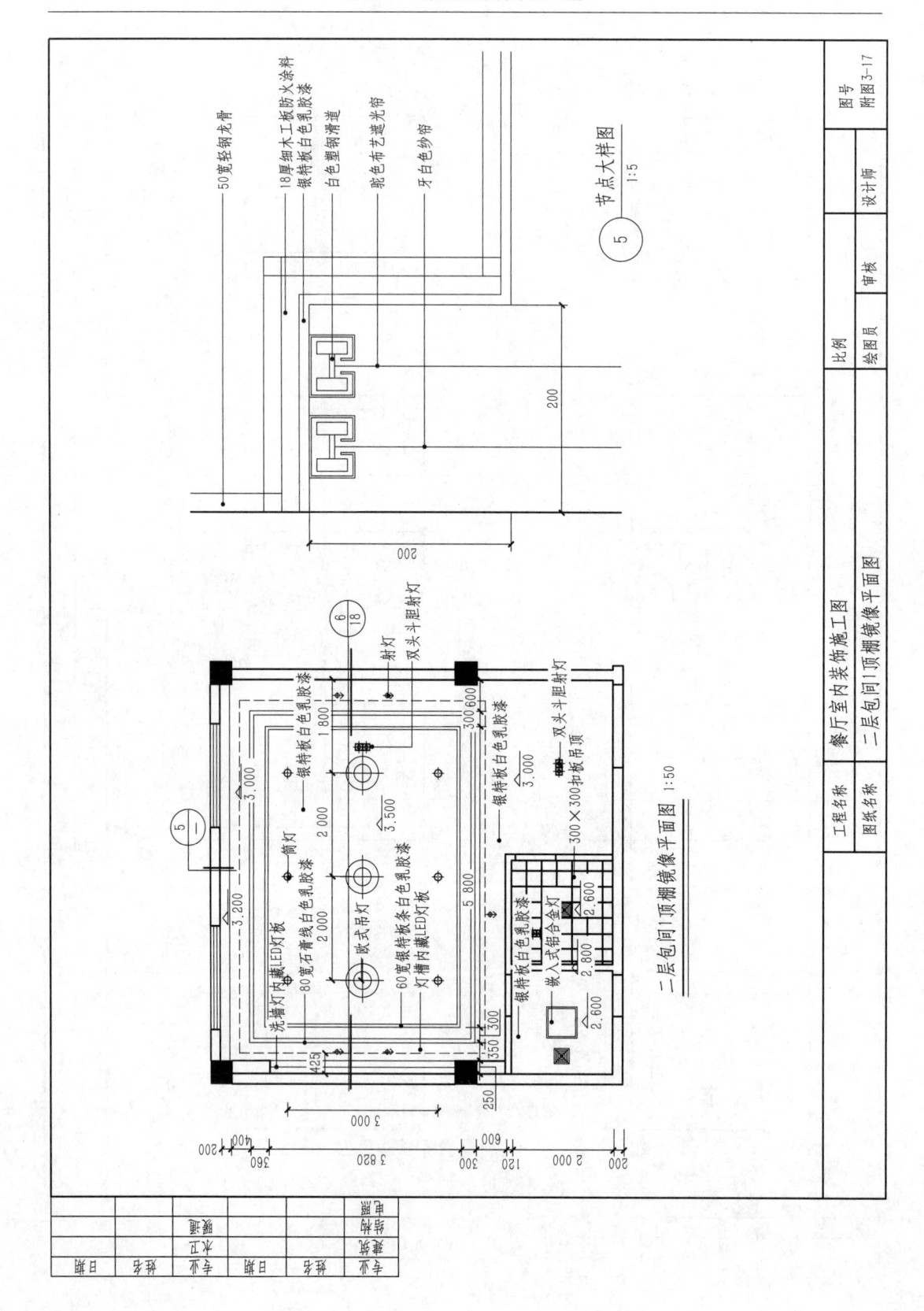

附录三 餐厅室内装饰施工图

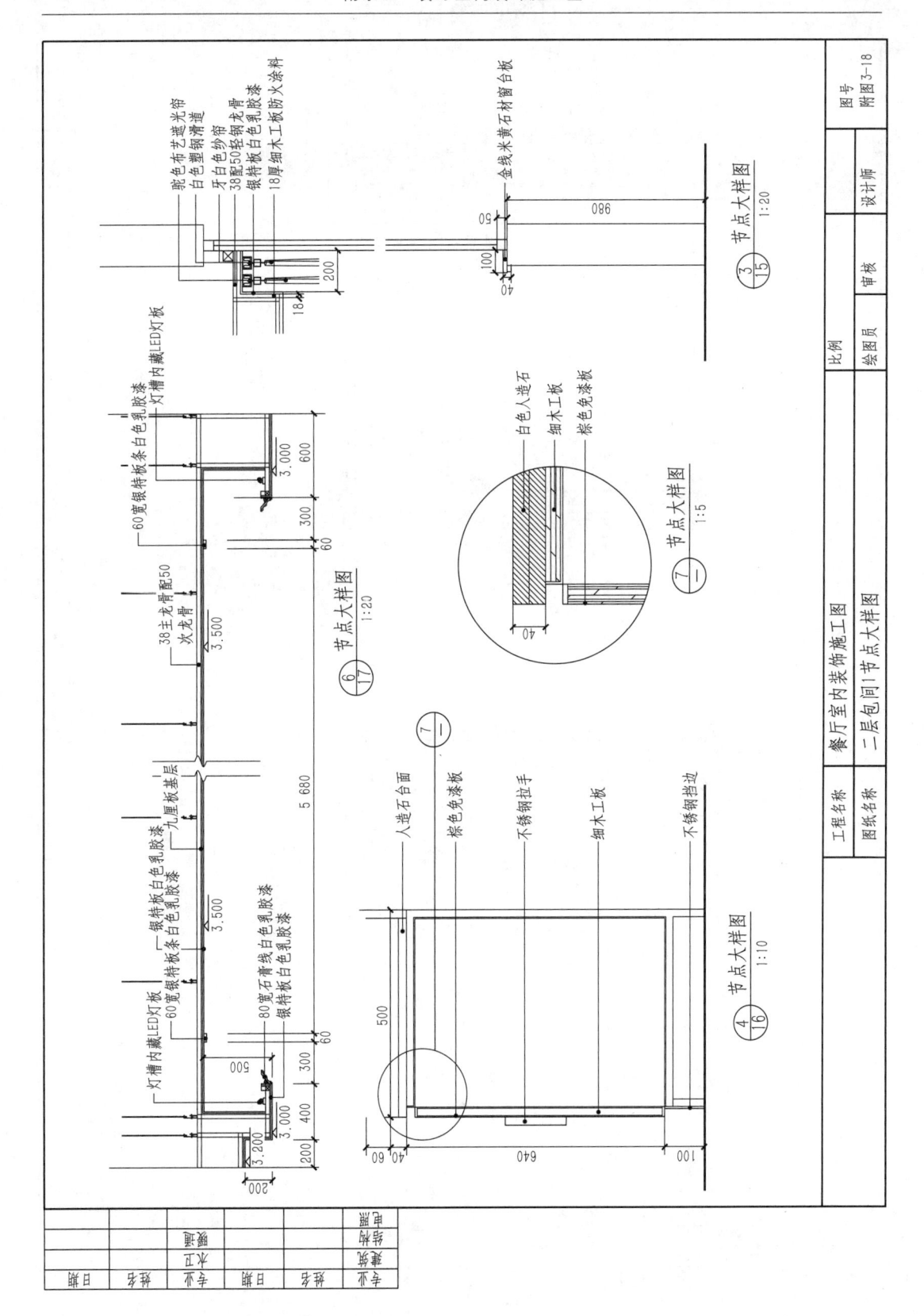

附录三 餐厅室内装饰施工图

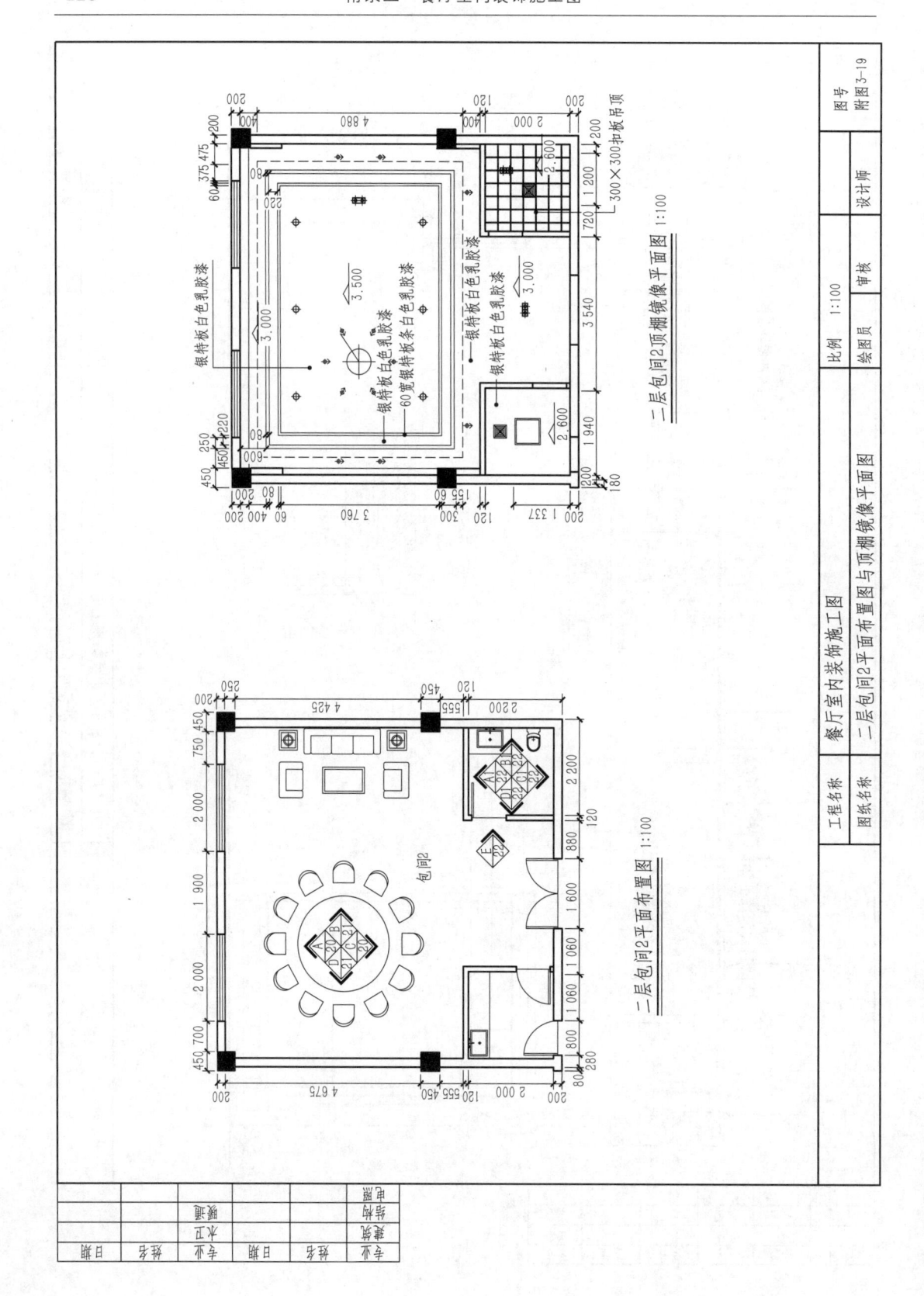

附录三 餐厅室内装饰施工图

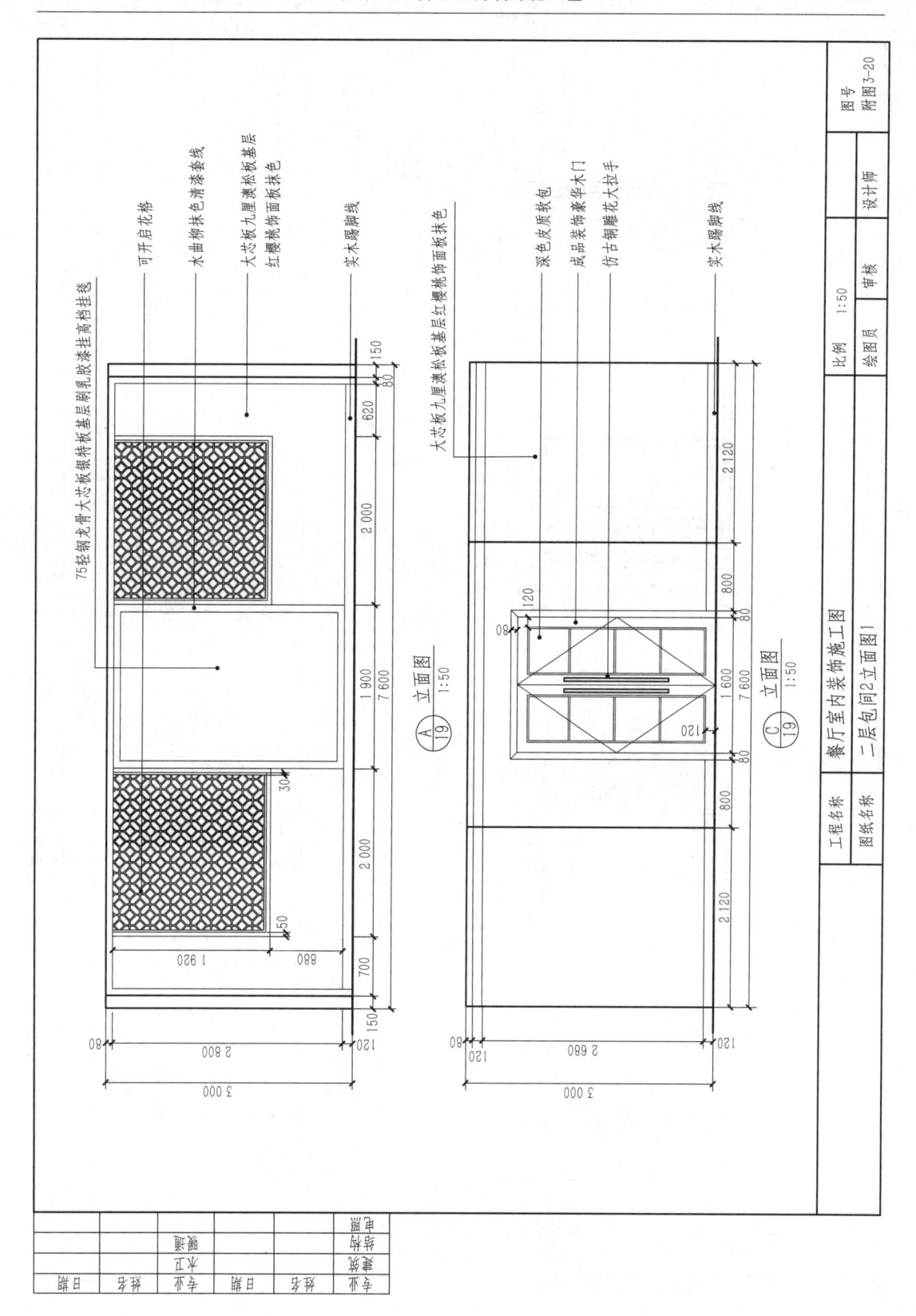

附录三 餐厅室内装饰施工图

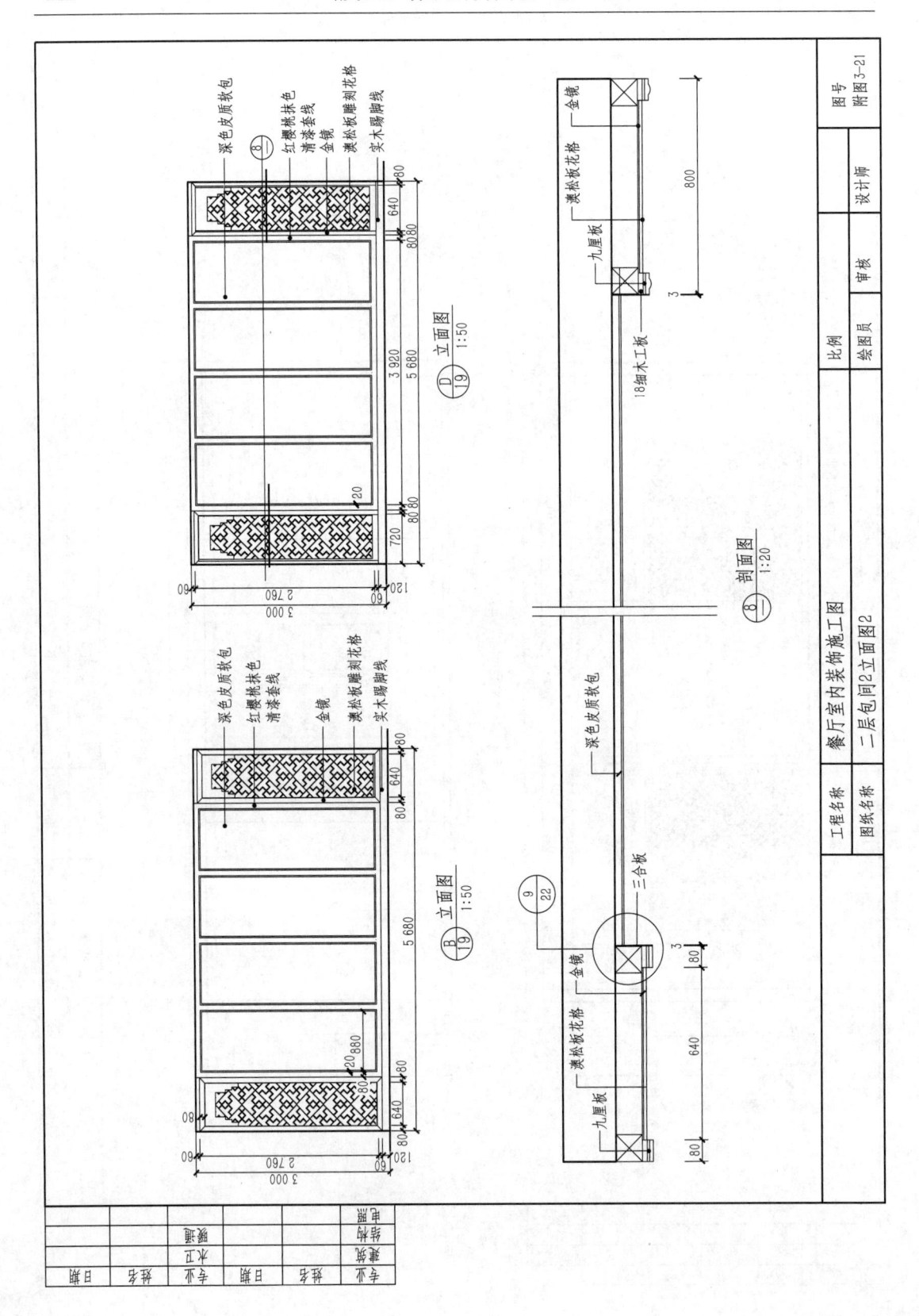

附录三 餐厅室内装饰施工图

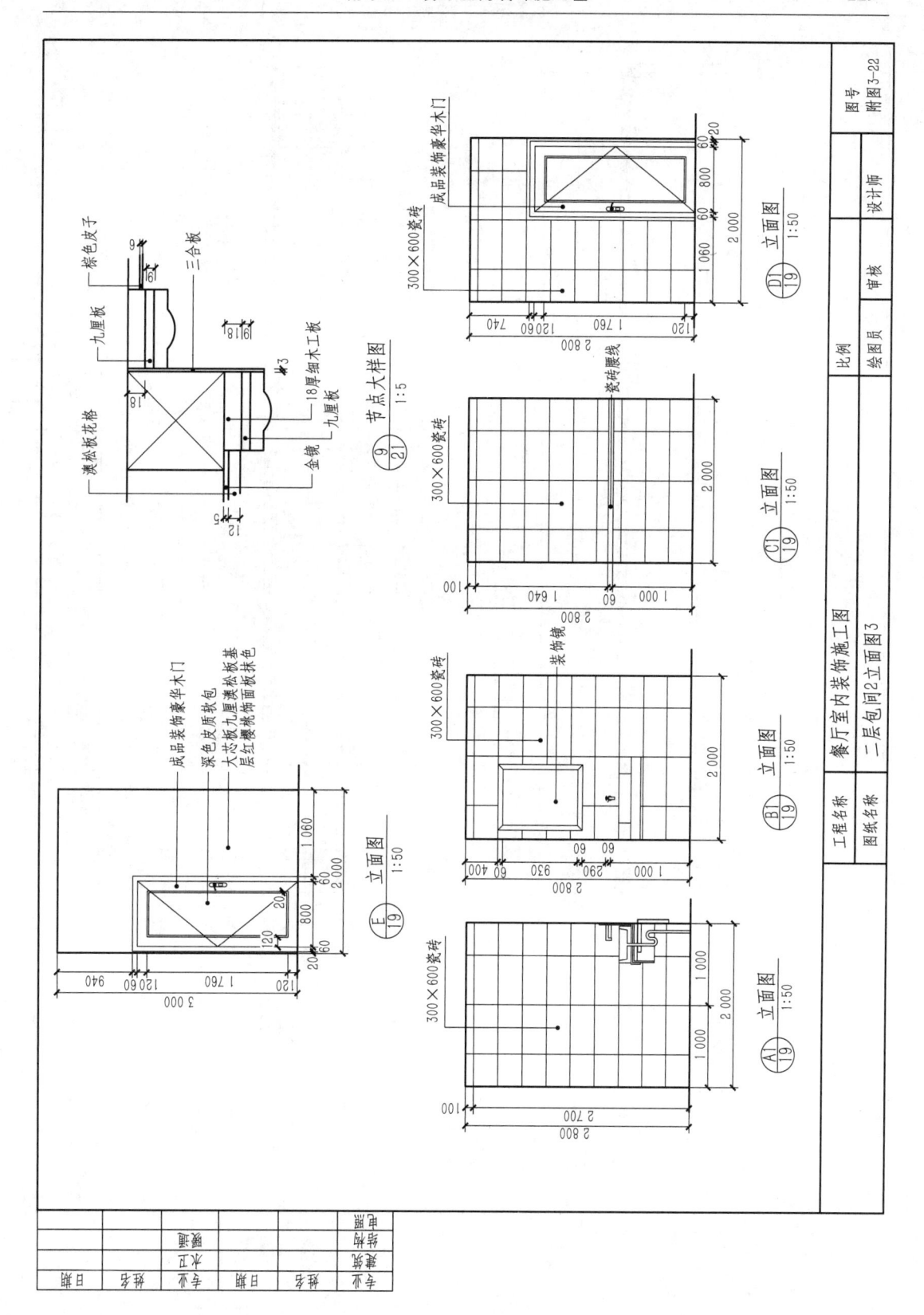

附录三　餐厅室内装饰施工图

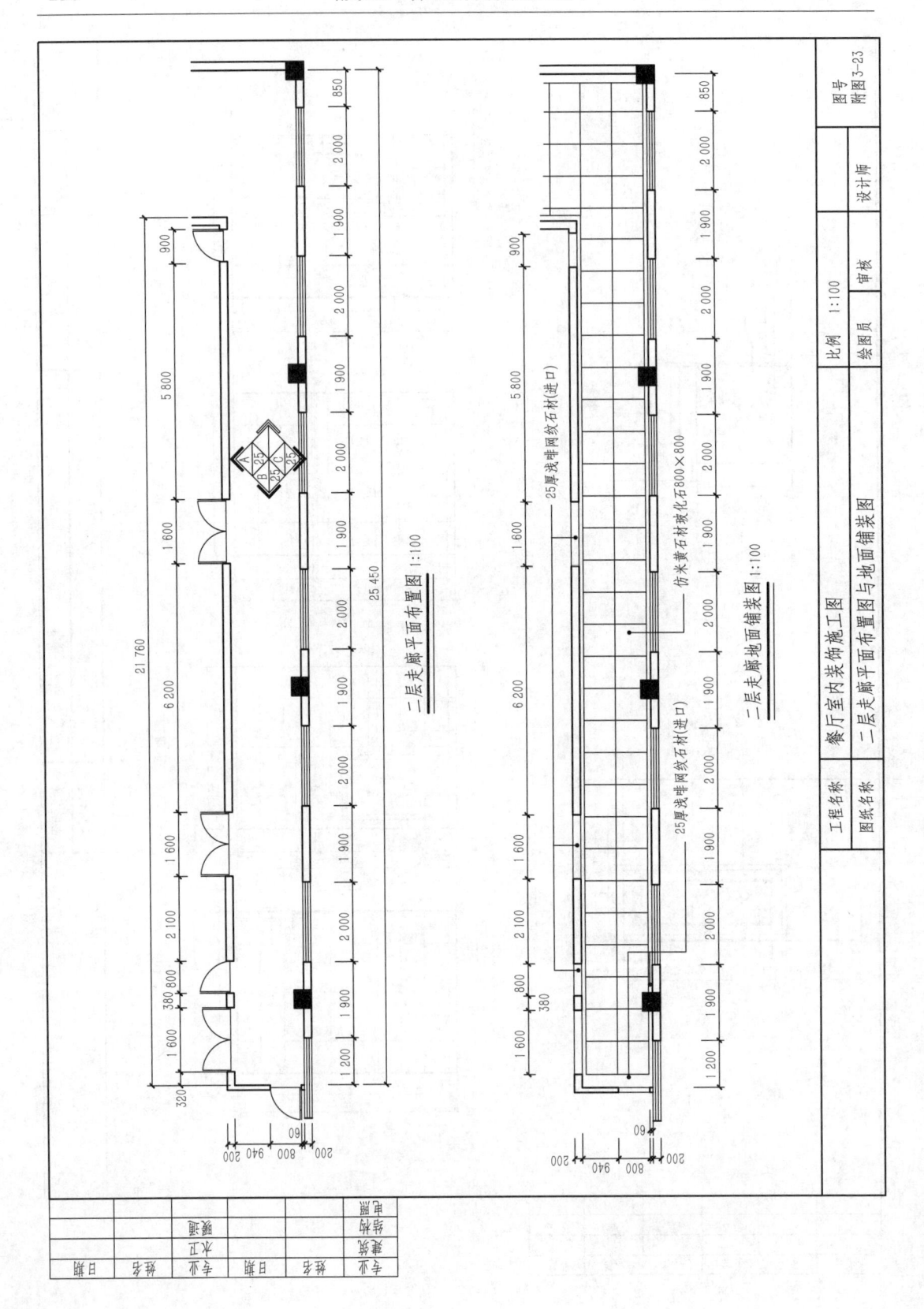

附录三 餐厅室内装饰施工图

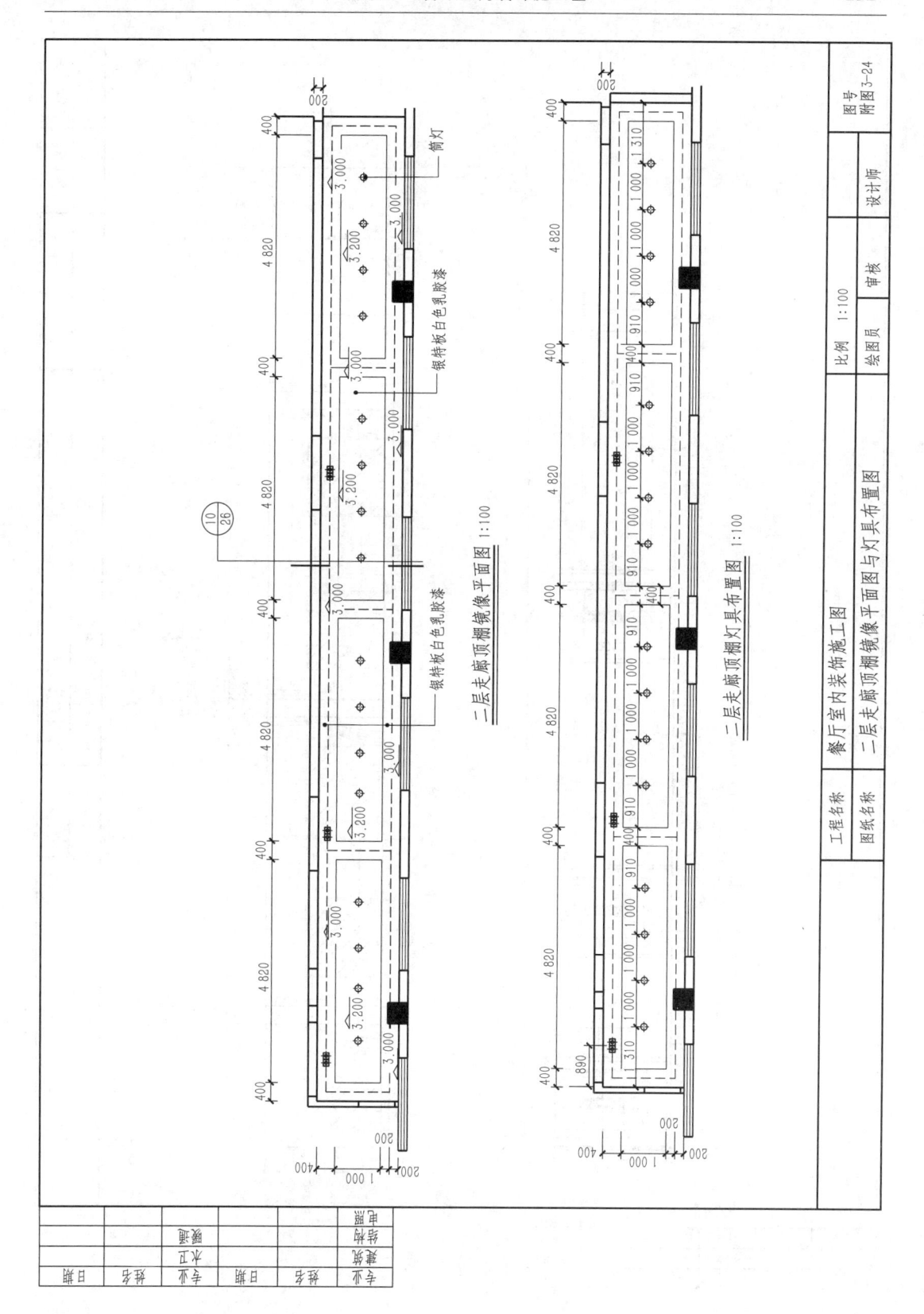

附录三 餐厅室内装饰施工图

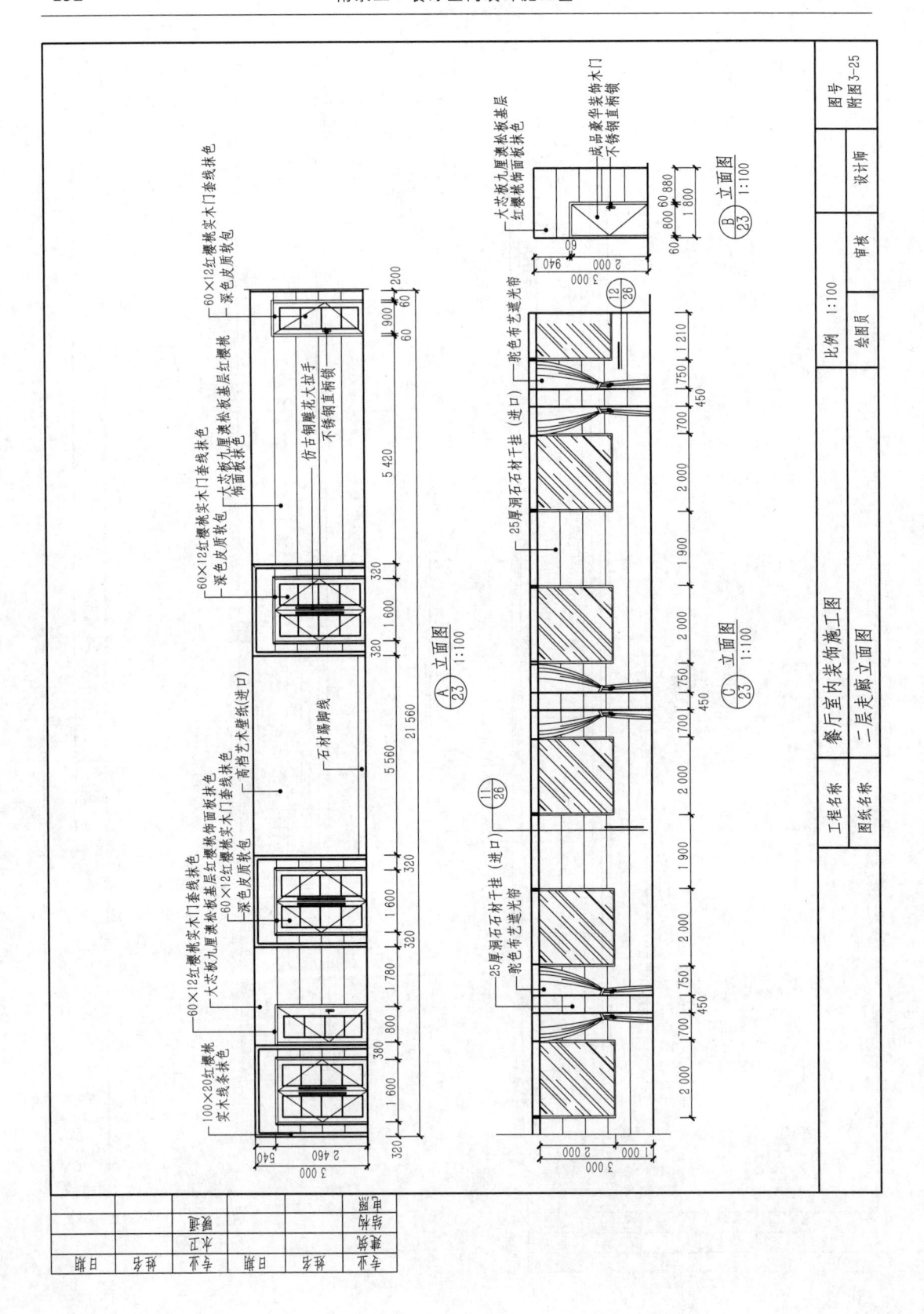

附录三 餐厅室内装饰施工图

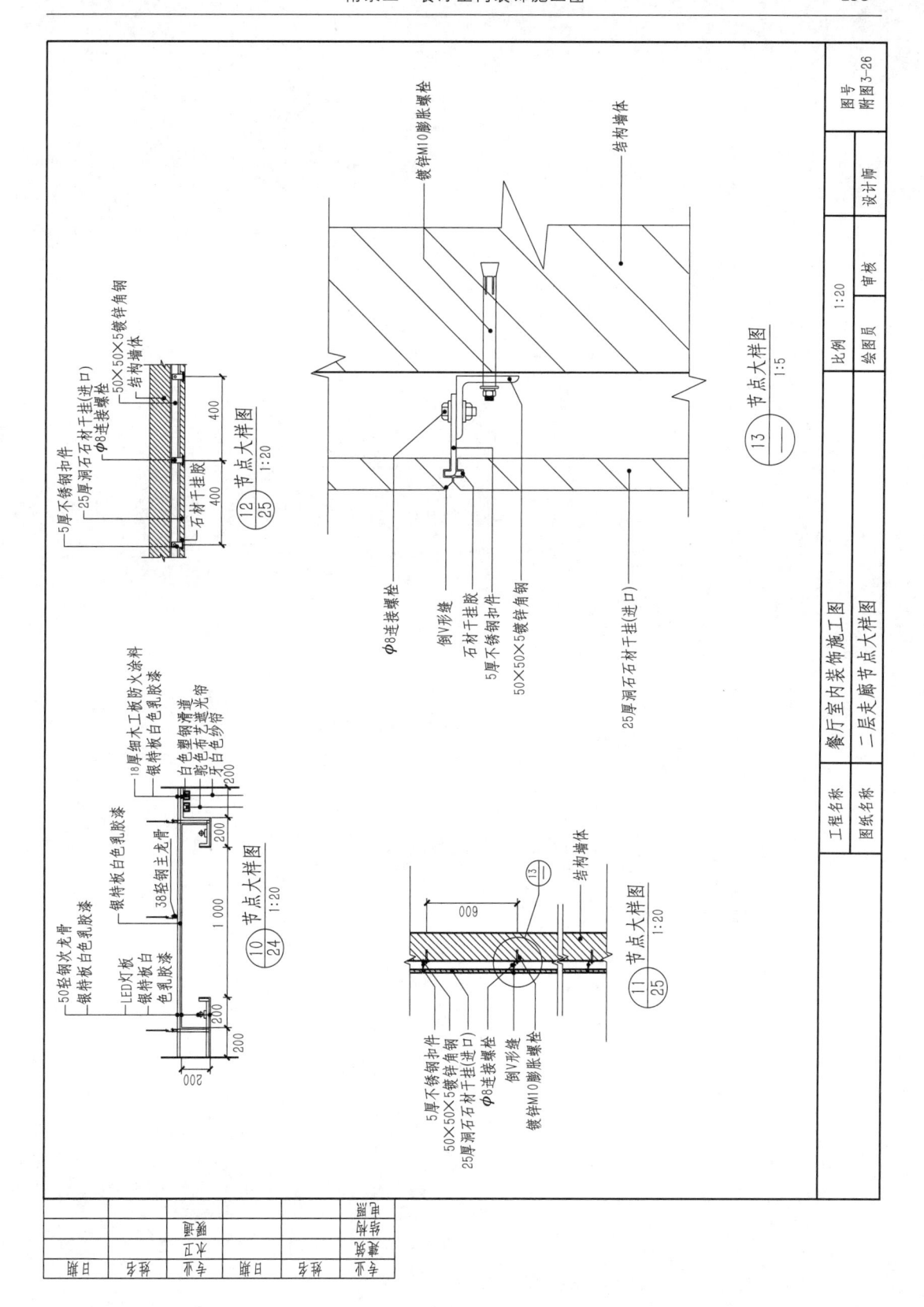

附录三　餐厅室内装饰施工图

参考文献

[1] 向欣,殷文清.建筑装饰制图与识图[M].北京:中国水利水电出版社,2010.

[2] 童霞,李宏魁.建筑装饰基础[M].北京:机械工业出版社,2010.

[3] 高祥生.室内装饰装修构造图集[M].北京:中国建筑工业出版社,2011.

[4] 骁毅文化.住宅公寓[M].北京:机械工业出版社,2012.

[5] 中国建筑标准设计研究院.内装修 室内吊顶(12J502-2)[M].北京:中国计划出版社,2013.

[6] 中国建筑标准设计研究院.内装修 楼(地)面装修(13J502-3)[M].北京:中国计划出版社,2013.

[7] 崔东方,李宏魁.装饰材料与构造[M].西安:西北工业大学出版社,2013.

[8] 张鹏.建筑装饰材料及构造[M].北京:北京工艺美术出版社,2008.

[9] 骆家祥,周雄鹰.建筑装饰工程施工[M].武汉:中国地质大学出版社,2013.

[10] 崔东方.装饰施工项目实训[M].西安:西北工业大学出版社,2012.

[11] 孙勇.建筑装饰构造与识图[M].北京:化学工业出版社,2010.

[12] 中国建筑标准设计研究院.内装修 墙面装修(13J502-1)[M].北京:中国计划出版社,2013.

郑重声明

高等教育出版社依法对本书享有专有出版权。任何未经许可的复制、销售行为均违反《中华人民共和国著作权法》，其行为人将承担相应的民事责任和行政责任；构成犯罪的，将被依法追究刑事责任。为了维护市场秩序，保护读者的合法权益，避免读者误用盗版书造成不良后果，我社将配合行政执法部门和司法机关对违法犯罪的单位和个人进行严厉打击。社会各界人士如发现上述侵权行为，希望及时举报，本社将奖励举报有功人员。

反盗版举报电话　（010）58581999　58582371　58582488
反盗版举报传真　（010）82086060
反盗版举报邮箱　dd@hep.com.cn
通信地址　北京市西城区德外大街4号
　　　　　高等教育出版社法律事务与版权管理部
邮政编码　100120

防伪查询说明

用户购书后刮开封底防伪涂层，利用手机微信等软件扫描二维码，会跳转至防伪查询网页，获得所购图书详细信息。也可将防伪二维码下的20位密码按从左到右、从上到下的顺序发送短信至106695881280，免费查询所购图书真伪。

反盗版短信举报

编辑短信"JB,图书名称,出版社,购买地点"发送至10669588128

防伪客服电话

（010）58582300

学习卡账号使用说明

一、注册/登录

访问http://abook.hep.com.cn/sve，点击"注册"，在注册页面输入用户名、密码及常用的邮箱进行注册。已注册的用户直接输入用户名和密码登录即可进入"我的课程"页面。

二、课程绑定

点击"我的课程"页面右上方"绑定课程"，正确输入教材封底防伪标签上的20位密码，点击"确定"完成课程绑定。

三、访问课程

在"正在学习"列表中选择已绑定的课程，点击"进入课程"即可浏览或下载与本书配套的课程资源。刚绑定的课程请在"申请学习"列表中选择相应课程并点击"进入课程"。如有账号问题，请发邮件至：4a_admin_zz@pub.hep.cn。